natürlich oekom!

Mit diesem Buch halten Sie ein echtes Stück Nachhaltigkeit in den Händen. Durch Ihren Kauf unterstützen Sie eine Produktion mit hohen ökologischen Ansprüchen:

- 100 % Recyclingpapier
- mineralölfreie Druckfarben
- Verzicht auf Plastikfolie
- Finanzierung von Klima- und Biodiversitätsprojekten
- kurze Transportwege – in Deutschland gedruckt

Weitere Informationen unter www.natürlich-oekom.de und #natürlichoekom

Bibliografische Information der Deutschen Nationalbibliothek:
Die Deutsche Nationalbibliothek verzeichnet diese Publikation
in der Deutschen Nationalbibliografie; detaillierte bibliografische
Daten sind im Internet über www.dnb.de abrufbar.

oekom – Gesellschaft für ökologische Kommunikation mbH
Goethestraße 28, 80336 München
+49 89 544184 – 200
www.oekom.de

Layout und Satz: Markus Miller
Korrektur: Maike Specht
Umschlaggestaltung: Laura Denke, oekom verlag
Umschlagabbildungen: © Adobe Stock/DRPL, © Adobe Stock/Mike Mareen
Druck: Elanders Waiblingen GmbH, Waiblingen

ISBN 978-3-98726-131-2
https://doi.org/10.14512/9783987263965

Thomas Kausch

Landschaften

Was sie uns über das Artensterben und den Klimawandel verraten

Mit 61 Abbildungen und 29 Karten

»Je weiter wir in die Vergangenheit schauen können,
desto weiter können wir wahrscheinlich in die Zukunft schauen.«
Winston Churchill

Inhaltsverzeichnis

Landschaft und Mensch

Vorwort

Im Jahr 2023 erschien mein erstes Buch, in dem ich die Geschichte der Landschaft in meiner Wahlheimat an der Mittelweser mitten in Niedersachsen beschrieb. Angeregt durch regelmäßige Fahrradtouren, studierte ich hier zuvor vier Jahre die Landschaften und konnte damit eine historisch-geographische Informationslücke in der Region schließen. Die Veröffentlichung erhielt positive Resonanz, insbesondere von Leserinnen und Lesern aus der Region, die von der hohen Dynamik der Landschaftsentwicklung überrascht waren. Viele fragten mich, ob dies auch in anderen Teilen Deutschlands so ähnlich gewesen sei. Andere ermutigten mich dazu, die Ergebnisse aus dem Buch so zu präsentieren, dass viel mehr Menschen erfahren sollten, was mit unserer unmittelbaren Umwelt passiert bzw. passiert ist. So entstand die Idee, die Landschaftsgeschichte im Mittelwesertal beispielhaft und in kompakter Form darzustellen, um damit auf eine Entwicklung aufmerksam zu machen, die in ihren Grundzügen auf viele andere Regionen Deutschlands übertragbar ist. Als es dann nach mehreren zu trockenen Jahren im Winter 2023 und im Frühjahr 2024 in großen Teilen Deutschlands zu Jahrhunderthochwassern kam, zeigte sich erneut, wie hochaktuell das Thema über den Umgang mit unserer Umwelt ist.

Zunächst möchte ich Sie als Geograph in das Thema Landschaft und deren Nutzung durch uns Menschen einführen und einen Blick auf die derzeitige Flächennutzung in Deutschland werfen. Dies sind die Vorbereitungen, um anschließend zu einer »Landschaftszeitreise« aufzubrechen. Dafür greife ich auf die Landschaftsgeschichte im Wesertal zurück, um mit Ihnen in eine kompakte »Modellregion« einzutauchen und hier ausgewählte Prozesse kennenzulernen, die unsere Kulturlandschaften in Deutschland entscheidend geprägt haben. Viele Fotos veranschaulichen die Beobachtungen im Wesertal und werden am Ende des Buches in einer Übersichtskarte mit Nummern dargestellt (P1, P2 usw.). Sie können Ihnen als Leserin und Leser einerseits mit den Bildunterschriften als konkrete Beispiele für eigene Beobachtungen in Ihren Heimatregionen dienen. Wer es möchte, kann andererseits mit dem alleinigen Studium der Karten, Fotos und Abbildungen in einem Schnelldurchlauf alle wesentlichen Informationen zur Modellregion erfassen. Den Text kann man nach Belieben für partielles Vertiefen nutzen.

An der Mittelweser reisen wir zunächst vom Ende der Eiszeit bis in unsere Gegenwart, um dann noch mal in fünf Teilausschnitten die letzten 250 Jahre genauer zu betrachten. Dieser jüngere Abschnitt war in seiner Entwicklung nicht nur besonders dynamisch, sondern es gibt aus dieser Periode auch sehr gute Kartenwerke, die uns über die damalige Landschaft viele Details verraten.

Nach der Zeitreise an die Mittelweser stelle ich verschiedene Sichtweisen zur Bewertung der Landschaftsveränderungen vor. Dazu erfolgt zunächst eine zeitliche und historische Einordnung, um dann aus heutiger Sicht wichtige ökonomische und ökologische Aspekte der Landschaftsentwicklung aufzuzeigen. Damit soll deutlich werden, dass in der heutigen Kulturlandschaft sowohl Artensterben als auch Klimawandel begründet *und* zu sehen sind. Der Blick auf die Mensch-Umwelt-Beziehung stellt schließlich mögliche Erklärungsansätze vor, um den Ursachen für unseren Umgang mit der Landschaft näher zu kommen. Es würde mich freuen, wenn wir hierdurch zukünftig die Bedeutung der globalen Ereignisse und ihrer Auswirkungen auf unsere Heimatregionen besser beurteilen können.

Wegen des begrenzten Buchumfangs ist die Darstellung der Region zwangsläufig lückenhaft, und die Aufnahme anderer Landschaften Deutschlands muss unterbleiben. Darum werden manche Leserinnen und Leser sicher etwas für sie Wichtiges vermissen, weshalb auf entsprechende Literatur verwiesen sei. Nicht verzichtet wird auf die wissenschaftliche Arbeitsweise mit Quellen- und Literaturangaben, um allen Interessierten die Möglichkeiten für eigene vertiefte Studien zu geben. Zudem erscheint es mir in Zeiten von Fake News immer wichtiger zu werden, gerade bei kritischen Aussagen die (meistens) wissenschaftlich Forschenden zuordnen zu können. Nicht zuletzt zwingt das Arbeiten mit unterschiedlichen Wissenschaftsdisziplinen wie Archäologie, Biologie, Boden- und Vegetationsgeographie, Geologie, Geschichte, Hydrologie, Klimatologie, Landschaftsökologie, Agrar- und Forstwissenschaften usw. zur Nachvollziehbarkeit der verwendeten Informationen und genannten Autorinnen und Autoren. Die Berücksichtigung der vielen Disziplinen mag trotz umfangreicher Recherchen dazu geführt haben, dass sich ein Fehler eingeschlichen hat, wofür ich um Nachsicht bitte. Dafür besteht die Chance zu fachübergreifenden Sichtweisen auf das Thema Mensch und Landschaft.

Auf Epochenbezeichnungen wie »Bronzezeit« oder »vorrömische Eisenzeit« wird aus Gründen der Vereinfachung weitgehend verzichtet, und es erfolgt dafür eine einheitliche Umrechnung, ausgehend von der Gegenwart (Basis ist das Jahr 2000). Dabei entspricht beispielsweise die Angabe »vor 5.000 Jahren« dem Jahr 3000 vor unserer Zeitrechnung.

Neben meiner Frau Christina unterstützten mich mehrere Personen bei der inhaltlichen und textlichen Realisierung dieses Projekts. Besonderer Dank gilt deshalb meinem ehemaligen Universitätslehrer für Geographie, Dr. Gerd R. Zimmermann, sowie dem Historiker und Schulleiter des Johann-Beckmann-Gymnasiums in Hoya, Oberstudiendirektor Dr. Cord Meyer. Für die finale Durchsicht danke ich dem langjährig freundschaftlich verbundenen Kollegen Dr. Herbert Heinecke und der Kollegin Dipl.-Kffr. Sandra Semmler. Mit Hinweisen und Berichten über die Landschaft der Mittelweser sowie Diskussionen, Korrekturen und Geländebegehungen unterstützten mich praxisnah Henning Beneke, Karl-Heinz Brüns-Stadler, Heinz-Dieter Freese, Ehler Harms und Ernst-August Prinzhorn.

Dem Team des oekom verlags, besonders Clemens Herrmann und Laura Denke, danke ich für die sehr angenehme und professionelle Zusammenarbeit.

Thomas Kausch
Bücken bei Nienburg an der Weser im Sommer 2024

Landschaft verstehen

Der Raum, in dem wir leben

In naturnahen Landschaften dominieren vor allem Flüsse und Seen, Berge und Täler, Wälder und offenes Land, Tiere und Himmel. Fast alle Landschaften hat der Mensch umgestaltet, und gerade im dicht besiedelten Mitteleuropa verändert er sie immer weiter. Menschen nutzen das Holz der Wälder, bauen Siedlungen, bestellen die Felder und legen Wege und Straßen an. Natur und Kultur verbinden sich in der Landschaft. Eine reine Naturlandschaft ist heute sehr selten zu finden. Deshalb hat sich der Begriff der Kulturlandschaft als Gegenstück zum weitgehend naturbelassenen Raum etabliert. »Unser heutiges Landschaftsbild erhält sein Gepräge durch die Tätigkeit des Menschen. Er hat aus der ursprünglichen Naturlandschaft Kulturlandschaften geschaffen« (Jäger 1953, S. 3). »Ja, man kann wohl sagen, daß in Mitteleuropa fast alle Landschaft Kulturlandschaft ist, vom Menschen geformt nach seinen Bedürfnissen und seinen jeweiligen Möglichkeiten« (Konold 1996, S. 5).

Die Natur wird durch den Menschen genutzt, meistens auf eine Weise, die einen langfristigen Ertrag ermöglicht. Alltäglich nimmt man die kleinen oder großen Veränderungen in der Landschaft, in der man lebt, wahr. Dort wird auf Feldern gesät und geerntet, Bäume oder Sträucher werden gepflanzt, gekürzt oder gerodet, Wege, Straßen und Häuser gebaut. Diese Tätigkeiten finden zu verschiedenen Jahreszeiten und über viele Jahre in unterschiedlicher Intensität im Raum statt. Die vor zwanzig Jahren gepflanzten Straßenbäume sind dabei genauso selbstverständlich geworden wie das dreißig Jahre alte Baugebiet, welches längst ein gewohnter Teil der Siedlung geworden ist. Und die jahrhundertealte Kirche ist schon seit vielen Generationen vor Ort. Je mehr Zeit vergeht, desto weniger denkt man über die (längst) Vergangenheit gewordenen Veränderungen nach. Die vielen oft kleinen Wandlungen haben sich ins Landschaftsbild eingefügt. Die Landschaft wurde weiterentwickelt.

Wenn wir immer in einer Stadt oder einem Dorf leben, können wir uns im hohen Alter an Veränderungen erinnern, die viele Jahrzehnte zurückliegen. Alte Schwarz-Weiß-Fotos belegen manchmal die Veränderungen. Vor allem seit Mitte des 20. Jahrhunderts nimmt unsere Mobilität rasant zu, und wir leben und wohnen an verschiedenen Orten. Und da wir Menschen immer öfter weniger Zeit in der offenen Landschaft und dafür häufiger in geschlossenen Räumen vor Bildschirmen verbringen, können wir nur noch in wesentlich kürzeren Zeitfenstern die Entwicklung einer bestimmten Landschaft beobachten. Bewusst beobachten wir – wie es vor 200 Jahren Bäuerinnen und Bauern täglich machten – heute meistens nur beim Wandern, Spazierengehen oder Fahrradfahren. Dann sehen wir die Region im heutigen Zustand. Vielleicht erinnern wir uns noch an einige zurückliegende Veränderungen. Aber wie sah die Landschaft vor 100 Jahren aus? Was hat sich gewandelt, was kann man noch sehen, was vor 130 Jahren erbaut oder angelegt wurde?

Oft sind es ältere Gebäude, die uns mit Inschriften zum Baujahr in die Zeit der Entstehung zurückführen. Oder wir schätzen das Alter eines Baumes und wissen, dass er schon vor ungefähr 100 Jahren dort stand. Oder aber wir sehen Fotos aus alter Zeit. Aber was war vor 150 Jahren, wie sah es vor 250 Jahren aus? Alle, die das wussten, sind längst nicht mehr da, und Fotos gibt es nicht – bestenfalls Gemälde. Und die aber auch nur von sehr ausgewählten Landschaften. Alte Texte und Urkunden sind gute Quellen, geben aber ebenfalls nur Auskunft über kleinere Raumeinheiten, sind also niemals flächendeckend vollständig und detailscharf. Wenn die Datenlage doch so eingeschränkt ist, wie kann man sich dann ein möglichst umfassendes Bild von der früheren Landschaft machen? Wie kann der Fahrradfahrer, der heute auf dem Weserradweg unterwegs ist, seinen Beobachtungen zu längst vergangenen Landschaftselementen dann nachgehen?

Erfassung einer Landschaft

Es gibt eine bekannte Datenquelle, die wesentlich zur Beantwortung dieser Fragen beitragen kann. Eine topographische Karte ist eine sehr detaillierte und flächendeckende Informationsgrundlage über einen konkreten

Raumausschnitt. Sie gibt mit den wichtigsten Flächennutzungen und der Darstellung einzelner Objekte die Gesamtsituation des betreffenden Gebietes zu einem bestimmten Zeitpunkt wieder. Mit anderen Worten kann man sagen, die topographische Karte ermöglicht es uns, eine Zeitreise in die Vergangenheit eines bestimmten Raumausschnitts zu unternehmen. Da sie den Zustand einer Region in der Vergangenheit abbildet, eröffnet die Karte uns die Möglichkeit, eine frühere, (vielleicht längst) nicht mehr vorhandene Landschaft zu entdecken. Sie ermöglicht es, in ihre Umwelt zu schauen. Aber wie weit kann man damit zeitlich »zurückreisen«, und mit welchen Einschränkungen ist zu rechnen?

Für Norddeutschland liegt mit der Kurhannoverschen Landesaufnahme (KHL) ein besonderes Kartenwerk vor, das einen Rückblick bis in das 18. Jahrhundert ermöglicht. Die Karten der KHL wurden in den Jahren 1764 bis 1786 durch Offiziere des Hannoverschen Ingenieurkorps aufgenommen und werden heute vom Landesamt für Geoinformation und Landesvermessung Niedersachsen (LGLN) mit Sitz in Hannover vertrieben. Das Kartenwerk zeigt die historische Situation der Flächennutzung und des Flächenbewuchses, der Siedlungen, des Straßen-, Wege- und Gewässernetzes, des Reliefs sowie der Verwaltungszugehörigkeit. Auch für andere Regionen Deutschlands gibt es ähnlich alte kartographische Veröffentlichungen.

Ein weiteres historisches Kartenwerk liegt mit der sogenannten Preußischen Landesaufnahme (PL) vor. Mit aufwendigen Vermessungsmethoden der Triangulation entstanden für die Landesflächen von Niedersachsen und Bremen von 1877 bis 1912 die Erstausgaben der topographischen Karten 1:25.000 (TK25). Die TK25 wird bis heute durch regelmäßige Vermessungen und Fortschreibungen aktuell gehalten und vom LGLN vertrieben.

Mit diesen Karten liegen flächendeckende Informationen über die Nutzung Niedersachsens seit mehr als 250 Jahren vor. Jede Karte stellt den Zustand zum Zeitpunkt der Veröffentlichung dar und gibt darüber hinaus auch den älteren Zustand wieder, denn es verändert sich eben nicht alles und schon gar nicht sofort in einem Raum. Das heißt, wenn die Karte im Jahr 1770 veröffentlicht wurde, können viele der eingezeichneten Inhalte wie beispielsweise ein bestimmtes Waldstück auch schon 1720 oder 1650 existiert haben. Die Landschaft veränderte sich damals meistens langsamer, da vor dem Einsetzen der Industrialisierung die technologischen Möglichkeiten des Menschen eingeschränkter waren als in den letzten fünf Jahrzehnten. Somit ermöglicht die KHL von 1770 mit Sicherheit nicht nur einen Blick in die vorindustrielle, sondern auch teilweise in die spätmittelalterliche Landschaft – dazu später mehr.

Topographische Karten und Flächennutzung

Auf Grundlage der vorgestellten topographischen und aufgearbeiteten Karten wird ein Raumausschnitt des Wesertals mit seinen Hauptnutzungsarten in verschiedenen Zeitebenen betrachtet. Mit diesem Vorgehen können die vielfältigen Beziehungen und Wechselwirkungen zwischen dem Menschen, seiner Gesellschaft und der Umwelt aufgezeigt werden, denn sie sind in der Landschaft und ihren Teilen sichtbar (Leser/Löffler 2017) bzw. eine gewisse Zeit lang sichtbar gewesen. Die Gestaltung der Kulturlandschaft wird nicht von der Natur vorgegeben, aber sie wird von ihr beeinflusst, zum Beispiel durch die Bodenfruchtbarkeit oder den Wasserhaushalt. Dieser Einfluss ist umso stärker, je weniger technologisch entwickelt die Menschen sind, die die Landschaft gestalten. Ohne moderne Traktoren kann beispielsweise schwerer Lehmboden nur begrenzt bewirtschaftet werden, was sich auf die Landschaft auswirkt. Die regionale Prägung der Kulturlandschaft wird vor allem durch die Art und Verteilung menschlicher Siedlungen sowie die Art wirtschaftlicher Tätigkeiten und das Verkehrsnetz bestimmt (Diercke 1984).

Unter »Kulturlandschaftswandel« wird der Veränderungsprozess verstanden, der zwischen mindestens zwei Landschaftszuständen stattgefunden hat, beispielsweise der aktuelle Zustand gegenüber der Situation um 1900. Grundvoraussetzung dafür ist wiederum die Annahme, dass stetig Umgestaltungen der Erdoberfläche durch die Aktivitäten des Menschen stattfinden bzw. im Raum stattgefunden haben. Zur Erfassung und Veranschaulichung kommen vor allem die verschiedenen Methoden der Historischen Geographie zum Einsatz, die beispielweise zu Kulturlandschaftswandelkarten führen (Schenk 2011). Innerhalb der Geographie sind besonders die Regionale und Teile der Historischen Geographie als anwendungsbezogene Teildisziplinen hervorzuheben, da sie dafür prädestiniert sind, eine umfassende, zeitgemäße und verständliche Darstellung umweltbezogener Veränderungsprozesse bereitzustellen (Egner 2010, Schenk 2011).

Die topographische Karte dient dabei als zentrales Modell, um die Vielzahl an Informationen im Untersuchungsraum zu reduzieren und damit überhaupt handhabbar und verständlich zu machen. Dazu wurden für dieses Buch die im Original teilweise schwarz-weißen Karten des 18. und 19. Jahrhunderts digitalisiert und an das Aussehen der modernen topographischen Farbkarte angeglichen. Durch diese visuelle Aufarbeitung der älteren Kartenwerke kann die Geographie allen Interessierten die Komplexität umfassender Landschaftsveränderungen in kompakter Form näherbringen. Mit dem Erreichen einer breiteren Öffentlichkeit dient sie damit auch der Umweltbildung (Egner 2010, Jäger 1992).

In diesem Zusammenhang muss der hohe Stellenwert der Flächennutzung als die dominierende Information in den Karten hervorgehoben werden (Neef 1969). Die hohe Relevanz liegt darin, dass Flächennutzung sowohl die Art und Weise der Beanspruchung des Raumes (wie) als auch das Ziel der Beanspruchung (wofür) und letztlich das materielle Ergebnis der Beanspruchung (wie viel) wiedergibt (Breuste 1994). Außerdem bietet die Flächennutzung Informationen über Verursacher, Motivationen und räumliche Ausdehnungen der Nutzung, lässt Rückschlüsse über Intensität, Qualität und Quantität zu.

Mit der Flächennutzung sind demnach umfangreiche Merkmale verbunden, die über die bloße Nutzung hinausgehen, was sie zu einem wesentlichen Erkenntnisbaustein für die Geographie macht. Darüber hinaus kann die Flächennutzung als raumabdeckendes »Werkzeug« für die Landschaftsanalyse und -entwicklung dienen, indem mit ihr die menschlichen Nutzungen bewertet werden und daraus sogar Ziele und Kennzahlen für die zukünftige Entwicklung der Landschaft abgeleitet werden können (Kausch 2000).

Da die Flächennutzung *die* zentrale Information in topographischen Karten ist, hat sie eine entsprechend große Bedeutung für das Verständnis von Landschaften, denn eine Kulturlandschaft ist wesentlich durch die (menschliche) Nutzung bestimmt. Eine durch Waldnutzung oder Ackerbau geprägte Landschaft sieht zum Beispiel anders aus als eine durch Weidewirtschaft oder Siedlungstätigkeit dominierte Gegend. Wie sieht es mit der Flächennutzung in Deutschland aus, wohin entwickelt sie sich, und welche Zusammenhänge gibt es zwischen den Flächennutzungen und den verschiedenen Landschaften?

Natur- und Kulturlandschaften in Deutschland

Das zentrale Ziel der Geographie ist das Verständnis von Landschaften, da sie sich mit der Erfassung, Beschreibung und Erklärung der Strukturen, Prozesse und Wechselwirkungen in einem bestimmten Gebiet oder auf der gesamten Erdoberfläche befasst. Diese Definition hat sich in der Geschichte der Geographie etabliert, wobei Alexander von Humboldt Mitte des 19. Jahrhunderts mit seinem Werk »Kosmos« einen bedeutenden Beitrag dazu geleistet hat. Schon damals stand die Darstellung eines Raumes im Fokus des Interesses, seine ständige Veränderung sowie das Verständnis aller damit verbundenen Kräfte. Der ursprünglichste Forschungsgegenstand der Geographie waren die Landschaft und der Raum (Humboldt 1845/2004). Deshalb fassen wir »heute die Geographie geradezu als die Wissenschaft von den Landschaften und Ländern auf« (Schmithüsen 1963, S. 9).

Der geographische Landschaftsbegriff ist nicht eindeutig definiert. Eine mögliche Definition der Landschaft könnte in dem gesamten »Charakter einer Gegend« (Humboldt 1845/2004, S. 11) und der notwendigen »Einsicht in das Wirken der Kräfte« (S. 10) bestehen, so wie es Alexander von Humboldt bezeichnete. Die von dem deutschen Geographen Schmithüsen (1964) vorgestellten sechs Verständnisse von Landschaft beinhalten unter anderem auch, dass sie als begrenzter Erdraum, nach ihrer natürlichen Beschaffenheit oder als vom Menschen gestaltete Erdoberfläche sowie nach ihrer Gesamtbeschaffenheit angesehen werden kann, was Humboldt in gewisser Weise begrifflich ergänzt. Vereinfacht gesagt, ist

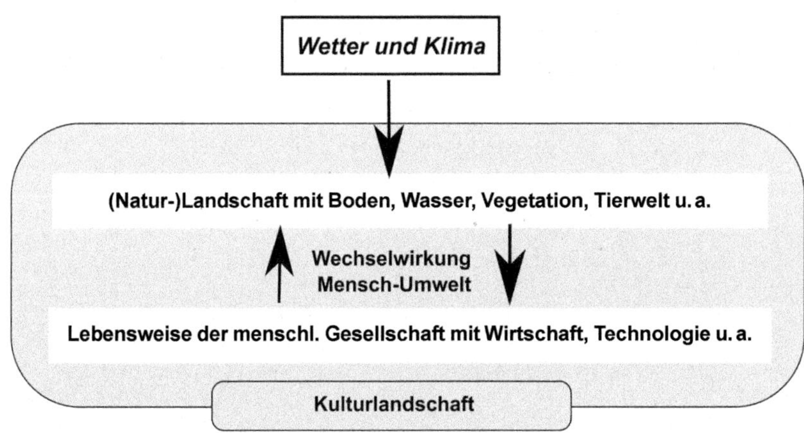

Abbildung 1: Menschen machen aus Naturlandschaft eine Kulturlandschaft.
Daten: eigener Entwurf, Erläuterung im Text.

die Landschaft der dinglich (See, Wald, Wiese) erfüllte Raumausschnitt, der geographisch relevant ist. In ihr befinden sich die verschiedensten Lebensräume als Grundlage des Lebens und der biologischen Vielfalt. Die Kulturlandschaft wiederum entsteht durch die dauerhafte Beeinflussung des Menschen, insbesondere durch die wirtschaftliche (Acker, Weide) und siedlungsmäßige (Häuser, Straßen) Nutzung der ursprünglichen Naturlandschaft durch menschliche Gruppen und Gesellschaften. (Kultur-) Landschaft ist damit nicht nur Lebensraum für Flora und Fauna, sie ist zugleich Lebensgrundlage des Menschen. »Sie ist Heimat und Teil der Identität« (LUBW 2016, S. 1).

Was bedeutet es, dass die Lebens- und Wirtschaftsweise der menschlichen Gesellschaft die entscheidende Kraft für die Ausprägung der Kulturlandschaft ist? Dies soll folgendes Beispiel verdeutlichen: Eine Jäger-und-Sammler-Bevölkerung von drei oder vier Familiengruppen, die durch ein Gebiet von mehreren Hundert Quadratkilometern streifte, beeinflusste die Landschaft wesentlich weniger als zwanzig Familien, die in einer 100 Quadratkilometer großen Region lebten und dort aus Holz und Lehm Wohn- und Wirtschaftsgebäude errichteten, kleine Felder bewirtschafteten und ihr Vieh in die Wälder trieben. Wenn die gleiche Region von 100 Quadratkilometer Fläche dann einige tausend Jahre später von vielen Hundert Familien bewohnt wird, die in Steinhäusern leben und ihre Felder mit großen Maschinen bewirtschaften, von der jede über mehr Leistung als 500 Pferde verfügt, ist die Beeinflussung des Raumes natürlich nochmals intensiver und führt zu einer entsprechend veränderten Kulturlandschaft.

Entwicklung der Flächennutzung

Laut Umweltbundesamt wird mehr als die Hälfte der deutschen Landesfläche von 357.600 Quadratkilometern landwirtschaftlich genutzt. Dieser Anteil sinkt seit Jahren stetig, während der Flächenbedarf für Siedlungen und Verkehr allmählich steigt. In Deutschland hat die Zunahme von Siedlungs- und Verkehrsflächen in den letzten Jahrzehnten ausschließlich zulasten der Landwirtschaftsfläche stattgefunden, da die Waldfläche nahezu konstant bei knapp einem Drittel Deutschlands geblieben ist.

Vor etwas über 100 Jahren machten Siedlungs- und Verkehrsflächen weniger als fünf Prozent der Gesamtfläche Deutschlands aus, stiegen bis 1950 auf sieben Prozent und erreichten 2023 einen Anteil von 14,5 Prozent. Im gleichen Zeitraum ging der Anteil der Landwirtschaftsfläche von 58 auf 50,4 Prozent zurück, während die Waldfläche bei rund 29,8 Prozent blieb (Destatis 2023).

Ein genauerer Blick auf die landwirtschaftliche Landnutzung zeigt eine weitere Entwicklung. Die Landwirtschaftsflächen sind hauptsächlich durch Ackerland sowie Grünland (Wiesen und Weiden) geprägt. Dauerkulturen wie Heidelbeeren oder Wein spielen flächenmäßig nur eine geringe Rolle. Die Ackerfläche liegt seit der Wiedervereinigung nahezu konstant bei rund 11,7 Millionen Hektar, obwohl die Zunahme der Siedlungs- und Verkehrsflächen hauptsächlich zulasten des Ackerlandes ging. Diese Konstanz lässt sich durch die Umwandlung von Grünland in Ackerland erklären (Tietz et al. 2012, regionale Beispiele bei Kausch 2023/2000). Die größte Ausdehnung hatte das Grünland Mitte der 1960er-Jahre mit einem Anteil von 41 Prozent an der Landwirtschaftsfläche im früheren Bundesgebiet. Seitdem ist der Grünlandanteil rückläufig. Im Jahr 1991 wurden noch über 5,3 Millionen Hektar als Dauergrünland bewirtschaftet, im Jahr 2022 waren es nur noch 4,7 Millionen Hektar, ein Rückgang von rund elf Prozent in 30 Jahren, was auf die genannte Kompensation der verlorenen Ackerflächen zurückgeht.

Nach Angaben des statistischen Bundesamtes nimmt die Siedlungs- und Verkehrsfläche täglich um 55 Hektar zu (Destatis 2023), was fast der Fläche von 80 Fußballfeldern entspricht – jeden Tag! Zwar gehören auch Grünflächen wie Gärten und Parks zu den Siedlungen, es handelt sich aber überwiegend um von Gebäuden und Straßen stark versiegelte Flächen, in die die vorherigen Äcker, Weiden und Wiesen umgenutzt wurden. Hinzu kommt, dass im Zuge der Globalisierung Landschaften zunehmend austauschbar werden: »Regionale und lokale Eigenarten und Identitäten drohen zu verwischen. Gewerbegebiete sehen europaweit gleich aus, und das Bild einer ausgeräumten, intensiv bewirtschafteten Ackerflur lässt sich ›ausschneiden‹ und nach Belieben anderswo einsetzen« (LUBW 2016, S. 1).

Der Blick auf die Flächennutzung in Deutschland zeigt, dass Trends immer dann besonders aussagekräftig hervortreten, wenn sie über einen längeren Zeitraum betrachtet werden. Zum Beispiel wird deutlich, welche Aktivitäten in einem Raum spezifisch zugenommen oder abgenommen haben. Dies ermöglicht dann weitere Bewertungen oder Annahmen. Wenn beispielsweise in einem bestimmten Gebiet nach 50 Jahren statt 40 Prozent nur noch 20 Prozent Waldfläche vorhanden sind und die Ackerfläche von 60 auf 80 Prozent angewachsen ist, hat dies Auswirkungen auf den Wasserhaushalt, das Mikroklima, die Tierwelt und das Landschaftsbild. In der Praxis ist es allerdings noch viel komplizierter, denn es gibt oft weitere Flächenveränderungen bei Grünland, Siedlungs- und Verkehrsflächen oder Heide-, Moor- und Wasserflächen. Die Vielzahl dieser Wandlungen macht es schwierig, alles darzustellen, weshalb die Landschaftsökologie mit vereinfachenden Modellen wie topographischen Karten arbeitet (Leser/Löffler 2017).

Deutschland lässt sich in verschiedene Kulturlandschaftstypen unterteilen, wobei die wahrnehmbare Dominanz von Nutzungen und Elementen der Landschaft bestimmend ist. Die sogenannten Kulturdominanzen (Schmidt 2006) ergeben dann ein Spektrum an Kulturlandschaftstypen von Wald-, Offen- und Halboffenlandschaften über Siedlungslandschaften bis hin zu landesweit aktuell stark wachsenden Energie- oder Infrastrukturlandschaften mit Wind- oder Solarparks und Überlandleitungen. Und es gibt immer häufiger »Kunstlandschaften« (Langer 2024, S. 86) wie das »Tropical Islands« in Brandenburg, wo Menschen ihren Urlaub an synthetischen Stränden unter einem Hallendach verbringen.

Der Schwarzwald oder der Harz sind demnach Waldlandschaften, die Magdeburg-Hildesheimer Lössbörde ackerdominierte Offenlandschaft, entlang der großen Bundesautobahnen prägen sogenannte Infrastrukturlandschaften den Raum, und in den städtischen Ballungsräumen trifft man auf die Stadtlandschaften, die wohl von den meisten Menschen als das Gegenteil der Naturlandschaften empfunden werden. Schließlich verlaufen linear durch das ganze Bundesgebiet verteilt unterschiedlich große Flusstäler mit mehr oder weniger intakten Auenlandschaften (Karte bei Schmidt 2013).

Naturnahe und naturferne Landschaften

Auf der Skala der Kulturlandschaften kommen wiederum die Naturschutzgebiete und 16 Nationalparks als nur gering vom Menschen beeinflusste Gebiete den Naturlandschaften noch recht nahe. Beide Schutzgebietstypen bedecken heute etwa sieben Prozent Deutschlands (mit Wattenmeer) und haben sich seit 1990 durch Ausweisung neuer Schutzgebiete wie beispielsweise den Nationalpark Harz nahezu verdoppelt (BfN 2024). Diese Entwicklung geht auf die Umweltpolitik und den Willen der Bevölkerung nach naturnahen Erholungsgebieten zurück (Radkau 2012).

Die unterschiedlichen Kulturlandschaften sind noch durch ein weiteres Merkmal gekennzeichnet, nämlich durch den Grad der Naturnähe. Intensive Ackerbaugebiete, reine Kiefernforsten oder Spargelfelder empfindet der Mensch vor allem dann als naturfern, wenn es sich um großflächige Monokulturen handelt, die nicht von Bäumen, Lichtungen oder Heckenstreifen unterbrochen werden. In diesen Landschaften fühlen sich Menschen nicht so wohl wie in halboffenen Landschaften, die durch abwechslungsreiche Vegetationsstrukturen gekennzeichnet sind (Seitz 2017).

Genau diese Landschaften, die offene und geschlossene Elemente kombinieren, verbinden das Bedürfnis, eine Übersicht zu haben, weiter zu gucken als nur bis zum nächsten Baum und zugleich einen Rückzugsraum zu haben, der ein Stück Geborgenheit vermittelt. Flächen, die nach allen Seiten offen sind, empfinden wir oft als wüst und leer. Umgekehrt ist es nicht so reizvoll, mitten im Wald zu stehen, wo es gar keinen offenen Blick gibt. Als schön dagegen empfinden wir Gebirgsperspektiven mit weitem Blick ins Tal, offene Flächen mit vereinzelten Baumgruppen oder einen Küstensaum, an dem man einen Blick aufs offene Meer hat. Diese Landschaften sind regelmäßig unsere bevorzugten Urlaubsziele, denn hier fühlen wir uns wohl.

Die über Deutschland verteilten Nationalparks mit einer Mindestgröße von jeweils 10.000 Hektar werden entsprechend oft als Reiseziele besucht. Ob das Wattenmeer an der Nordseeküste, die Auenlandschaft an der Oder in Brandenburg, der Brocken im Harz als höchster Berg Norddeutschlands oder die großen Wälder in den Nationalparks Mittel- und Süddeutschlands wie Hainich, Hunsrück, Schwarzwald oder Bayerischer Wald, hier werden einzigartige Naturlandschaften mit ihren verschiedenen Ökosystemen unter Schutz gestellt. Dem Menschen dienen sie auf ausgewiesenen Wegen vor allem der Erholung und Umweltbildung (BfN 2024).

Das heutige Aussehen und die Geschichte dieser Kulturlandschaften zu beschreiben und ihre kennzeichnenden Besonderheiten herauszuarbeiten ist seit Langem ein wesentliches Arbeitsgebiet der Geographie und ihrer Nachbarwissenschaften. Die Ergebnisse werden nicht nur für Planungszwecke verschiedenster Bundes- und Landesbehörden eingesetzt, sondern erfreulicherweise auch in verständlichen Sachbüchern aufbereitet und veröffentlicht. Dies ist seit Langem ein traditionelles Arbeitsgebiet der Geographie und unter dem älteren Begriff der Landschaftskunde schon früh schulischer Lehrstoff geworden. In jüngeren Veröffentlichungen finden wir regionalgeographische Landschaftsbetrachtungen oft in touristischen Broschüren. Die Beschreibung der deutschen Städte mit ihren Sehenswürdigkeiten und ihrer Geschichte sind die bekannten Klassiker. Wieder andere Untersuchungen beschäftigen sich mit Darstellungen ausgewählter Landschaften außerhalb der Städte Deutschlands (z. B. Küster 2010, Seitz 2017) oder behandeln mehr oder weniger differenziert einzelne Regionen (z. B. Behre 2008, Seedorf/Meyer 1996), oder sie haben einen besonderen Fokus auf die historischen Zusammenhänge und die menschlichen Akteure und deren Beweggründe für die Landschaftsumgestaltung (Blackbourn 2008, Reichholf 2008B).

Gemeinsam ist dem historischen Teil dieser Veröffentlichungen der weitgehende Konsens über die Hauptentwicklungslinie der Kulturlandschaften. Er lässt sich, stark vereinfacht, wie folgt zusammenfassen: Nach der letzten Eiszeit vor 11.600 Jahren erfolgte die Wiederbewaldung des von Jägern und Sammlern dünn besiedelten Mitteleuropa. Vor ungefähr 7.000 Jahren setzte der Siegeszug der Landwirtschaft, aus Südeuropa kommend, zunächst über Süddeutschland ein, bis die sesshaften Bauernfamilien vor ca. 5.000 Jahren dann die Nord- und Ostseeküste erreichten. Je nach gesellschaftlichem Entwicklungsstand und naturräumlichen Gegebenheiten kam es seitdem durch die landschaftsprägenden Wirtschaftsweisen der Menschen zur Ausbildung der verschiedenen Kulturlandschaften. Dadurch lassen sich Heidelandschaften oder trockengelegte Moore genauso gut erklären wie unsere modernen Infrastrukturlandschaften mit Stromtrassen, Windrädern und Autobahnen. Diese Spannweite vom Jäger und Sammler über die Heide bis zum Windrad macht deutlich, welche Vielfalt in der Kulturlandschaft »schlummert«. Und genau an dieser Stelle will dieses Buch dazu beitragen, unser Verständnis für die heutige Natur- und Kulturlandschaft zu erweitern.

Dazu wird die kurz beschriebene Entwicklungslinie aufgegriffen und konsequent immer wieder auf denselben geographischen Raumausschnitt projiziert, was zu überraschenden Ergebnissen führt, wie Sie möglicherweise bereits beim ersten Durchblättern dieses Buches anhand der vielen Abbildungen erahnen konnten. Dazu trägt vor allem die Nutzung der aufgearbeiteten Karten für die Zeit von heute bis ins 18. Jahrhundert bei. Durch die Methode des »Kartenübereinanderlegens« von unterschiedlich alten topographischen Grundlagen können sogenannte Landschaftswandelkarten erstellt werden. Mit ihnen wird visuell und räumlich genau sowie inhaltlich konkret deutlich, dass derselbe Raumausschnitt nach nur wenigen Menschengenerationen ein völlig anderes Landschaftsbild aufweist. Dabei hat nicht »Zauberei« zu einer »neuen« Kulturlandschaft geführt, sondern wechselnde Bewirtschaftungsformen, technologische Innovationen oder andere Veränderungen, die sich zum Beispiel zwischen 1770 und 2023 ergeben haben.

Dadurch, dass die Landschaftsveränderungen über einen Zeitraum von mehr als 10.000 Jahren konsequent im gleichbleibenden Raumausschnitt betrachtet werden, sind sie leichter nachzuvollziehen, denn die Wechselwirkungen von Menschen und Landschaft werden sichtbar. Durch dieses Vorgehen wird deutlich, wie die überlieferten und gut erforschten Verhaltens- und Wirtschaftsweisen unserer Vorfahren die Kulturlandschaft formten, in der wir heute leben oder durch die wir außerhalb der Städte und Metropolen gern reisen.

Zeitreisen zu vergangenen Landschaften

Die Beschreibung einer Landschaft mit all ihren ökologischen, chemischen oder physikalischen Funktionen ist aufgrund der fast unermesslichen Daten und Vielfalt äußerst anspruchsvoll. In der Praxis gelingt die Darstellung aber recht gut mit vereinfachenden Modellen. Es wird allerdings schon wieder schwieriger, wenn derselbe Raumausschnitt zu verschiedenen Zeiten dargestellt werden soll, weil seine Entwicklung von Interesse ist. Genau darum geht es aber letztlich, wenn wir die Entstehungsgeschichte einer Region sichtbar und nachvollziehbar machen wollen.

Aus diesem Grund wird im Folgenden der Fokus auf einen überschaubaren Landschaftsausschnitt in der Mitte Niedersachsens gelegt. Hier sind zwar nicht alle Veränderungen aus den verschiedenen Regionen Deutschlands wiederzufinden, aber wie sich zeigen wird, können doch viele weitverbreitete landschaftsrelevante Prozesse sehr wohl aufgezeigt werden, da sie in anderen Teilen Deutschlands mit einer gewissen »regionalen Variation« ähnlich stattgefunden haben. Beispielsweise mussten bundesweit ab den 1960er-Jahren die Hecken für moderne Landmaschinen weichen, Bäche und Flüsse wurden zu Gräben oder Kanälen umgebaut bzw. begradigt, und Streuobstwiesen an den Dorfrändern wurden zugunsten normierter »EU-Äpfel« gerodet, was mit »Hiebprämien« gefördert wurde. Noch weiter zurückliegende landschaftsprägende Wirtschaftsweisen wie die Nieder- oder Mittelwaldwirtschaft sowie Wanderfeldbau waren fast in ganz Mitteleuropa üblich. Die Waldweide auf Flächen, die durch Bauernfamilien des Dorfes als Gemeinschaftseigentum genutzt wurden (die Allmenden), war genauso weit verbreitet wie Heidelandschaften und Schäferei.

In den verschiedenen Regionen Deutschlands begannen die meisten landschaftsverändernden Prozesse zu unterschiedlichen Zeiten und wurden mal intensiver und schneller oder mancherorts zögerlicher angegangen. Vielleicht kennen Sie in Ihrer Region ein ehemaliges, längst trockengelegtes Moor oder leben am Rhein und entdecken Parallelen zur nachfolgend beschriebenen Entwicklung entlang der Weser. Oder Sie kennen Gebiete, die vor 100 Jahren noch Heidelandschaften waren und in denen eine Schäferei betrieben wurde.

Die Küsten- oder Alpenbereiche haben allein aufgrund der klimatischen Besonderheiten sicherlich eine speziellere Entwicklung als die weniger exponierten Gebiete Deutschlands. Trotzdem gibt es hier auch vergangene Landschaften, denn sie verändern sich ebenfalls seit Jahrhunderten. Ein aktuelles Beispiel ist der Oberharz, wo innerhalb weniger Jahre die fichtenbedeckten Berge zu kahlen Kuppen geworden sind und sich heute – außerhalb des Nationalparks mit forstwirtschaftlicher Begleitung – mitten im Wandel zum Laubmischwald befinden. Auch die Alpen haben ihr Landschaftsbild durch den Massentourismus der vergangenen Jahrzehnte deutlich verändert und werden sich aufgrund des klimabedingten Temperaturanstiegs zukünftig weiter wandeln. Ähnliches gilt auch für die Nord- und Ostseeküste.

Kommen Sie also mit zu verschiedenen Zeitreisen entlang der Weser, und verfolgen Sie anhand topographischer Karten, wie in dem gleichen Raum immer wieder »neue« Landschaften entstehen und nach einer gewissen Zeit wieder verschwinden, da es den Wandel zu einer neueren Landschaft gibt. Durch diese »Reisen« wird deutlich, wie und warum sich mit der Zeit der Einfluss von uns Menschen auf die unmittelbare Umwelt – die Heimatregion, in der wir leben – verändert. Dies hilft uns schließlich, unsere heutige Situation besser einzuschätzen und einen vorsichtigen Blick auf die zukünftige Entwicklung zu wagen. Vielleicht gehen Sie dann auch in Ihrer Heimat auf eigene Landschaftszeitreisen.

Landschaft im Wandel

Die Modellregion Mittelwesertal

Bevor wir zum ersten Mal in eine uns unbekannte Region reisen, informieren wir uns meistens über »Land und Leute«, um zu erfahren, was auf uns zukommt. Vor Antritt der Zeitreise ins Mittelwesertal erfolgt deshalb eine kurze Charakteristik der Region aus heutiger Sicht, um einen ersten Eindruck von ihr zu erhalten. Die für dieses Buch gewählte Gebietsabgrenzung geht vor allem auf die einführend erwähnten persönlichen Interessen des Autors sowie die hier durchgeführten Fahrradtouren zurück. Die Auswahl des Gebiets musste zudem wegen der umfangreichen Datenerhebungen eingeschränkt werden. Um den Charakter des Wesertals besser herausarbeiten zu können, ergab sich ein ca. 90 Quadratkilometer gro-

Abbildung 2: Blick von der linken Wesermarsch (nördlich P16) nach Nordwesten zum über sechs Kilometer entfernten, mehr als 30 Meter höheren Talrand am Waldgebiet Sellingsloh (P3). Aufgrund der großen Entfernung nimmt man den Talcharakter vom Fluss aus kaum wahr.

ßer Geländeausschnitt mit etwa zehn Kilometer West-Ost-Ausdehnung und neun Kilometern in Nord-Süd-Richtung.

Die Karte 1 gibt einen ersten Überblick über die Region mit Siedlungen und Hauptverbindungsstraßen sowie der zentralen Lage in Niedersachsen und den Entfernungen zu den größeren Städten.

Tatsächlich befindet sich die geographische Mitte Niedersachsens rund fünf Kilometer nordwestlich des gewählten Ausschnitts. Die Landschaft hat vielerorts den Charakter einer Flussniederung und unterscheidet sich dadurch von den meisten angrenzenden Kulturlandschaftsräumen

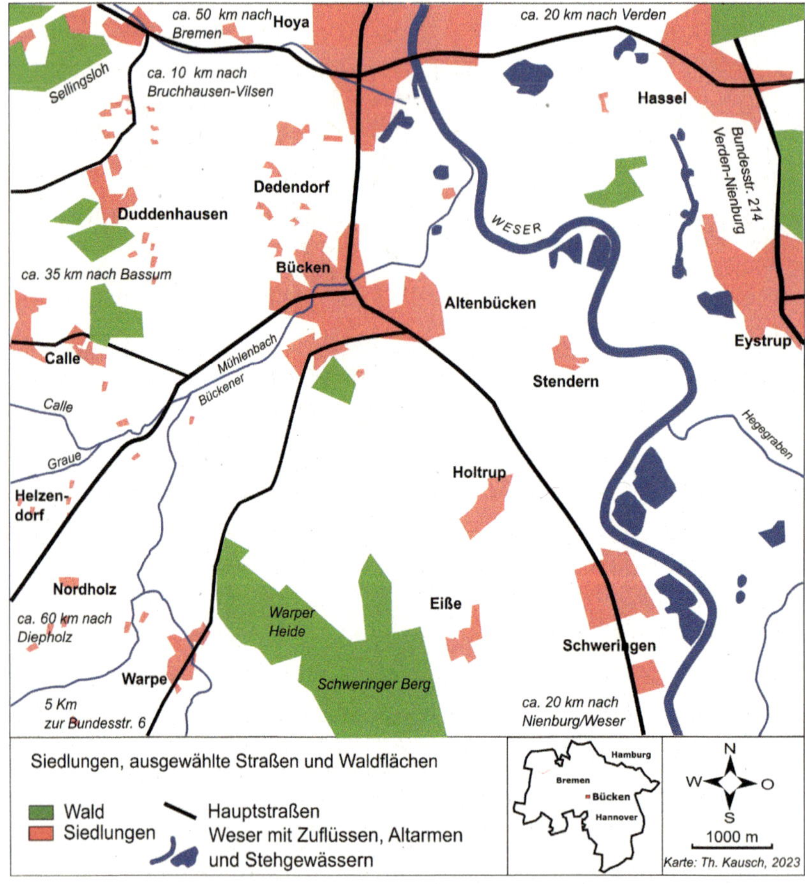

Karte 1: Der gewählte Ausschnitt des Wesertals im Überblick; Datenbasis: Digitalisierung nach TK50, 2019.

(Wiegand 2019). Vor allem ist es der Höhenunterschied von örtlich bis zu 30 Metern gegenüber der sandigen und weniger fruchtbaren Geest, der aus dem Wesertal an vielen Stellen gut wahrzunehmen ist.

Abbildung 3: Der Hohlweg bei dem kleinen Dorf Duddenhausen führt zur rund 30 Meter höheren Geest (P15). Er hat sich durch jahrhundertelange Nutzung als Wirtschaftsweg in Verbindung mit Erosion nach Niederschlägen zum Teil über fünf Meter tief in die Geest eingeschnitten. Hohlwege sind besondere Verbindungsschneisen der Kulturlandschaft und verfügen über ökologisch wichtige Lebensräume.

Am 30.09.2022 lebten im Flecken Bücken mit den Ortsteilen Altenbücken, Calle, Dedendorf, Duddenhausen und Stendern 2.156 Einwohner, in Eystrup 3.575, in Hassel 1.809, in Warpe mit den Ortsteilen Helzendorf, Nordholz und Windhorst 723, in Schweringen mit Holtrup und Eiße 806 und in der Kleinstadt Hoya 3.957 Menschen (LSN 2023).

Letztere stellt nicht nur den Verwaltungssitz der Samtgemeinde dar und verfügt über alle wesentlichen Bildungs- und Versorgungseinrichtungen sowie unterschiedliche niedergelassene Arztpraxen, sondern ist vor allem das wirtschaftliche Zentrum der Samtgemeinde und darüber hinaus. Hervorzuheben ist, dass die Stadt über eine traditionell gewachsene Wirtschaftsstruktur mit mittelständischen Unternehmen verschiedener Branchen verfügt, die nach intensiven Wachstumsphasen in den zurückliegenden Jahrzehnten die Position des regionalen Wirtschaftsstandorts zwischen den Kreisstädten Nienburg/Weser und Verden/Aller weiter gestärkt haben (Hornecker 2023, Wachstumsphasen bei Kausch 2003, Karte S. 120). So ist zwischen den Jahren 2010 und 2020 die Zahl der Arbeitsplätze in den Betrieben Hoyas nochmals von rund 3.000 auf über 3.700 gestiegen, was für die hohe Dynamik des Standorts spricht und sich in einer niedrigen Arbeitslosenquote äußert (LSN 2020, Tabelle K70I5101).

Der Ort Bücken wiederum verfügt mit Grundschule, Kindergarten, Ärzten, Tagespflege und Physiotherapie, Sporteinrichtungen, Post, Bäckereien, Blumen- und Kaffeespezialitätengeschäft sowie einem Lebensmitteldiscounter über wesentliche Einrichtungen zur Grundversorgung der örtlichen Bevölkerung.

Die meisten der genannten Siedlungen liegen dicht an der Weseraue, die heute immer noch durch die ausladenden Flussschleifen geprägt ist. Der Fluss ist aber stark ausgebaut und reguliert, Schleusen, Wehre und Schleusenkanäle unterbrechen die Durchgängigkeit und reduzieren die natürlichen Überflutungsflächen erheblich. Die fruchtbare Weseraue wird heute intensiv ackerwirtschaftlich genutzt. Sand und Kies werden im Nassabbau an vielen Stellen gewonnen, so bei Schweringen im Süden des Gebiets.

Abbildung 4: Blick aus Norden auf die Stadt Hoya. Gut zu erkennen sind die im Norden und Osten der Stadt gelegenen Industrie- und Gewerbegebiete beiderseits der Weser. Oben rechts im Bild liegen der Ort Bücken und die Verbindungsstraße nach Hoya.

Auf der Weserterrasse herrscht ebenfalls Ackerbau vor, vereinzelt gibt es forstwirtschaftlich genutzte Kiefernwälder (BfN 2022). Vor allem die Warper Heide als größeres zusammenhängendes Waldgebiet besteht fast ausschließlich aus der hier standortfremden Kiefer (Kramer/Keese 1967).

Auf den Feldern wird heute vor allem Getreide, insbesondere Winterweizen und -gerste, angebaut, zudem Mais, Kartoffeln und Zuckerrüben sowie Raps (LSN 2020 Tabelle K6080A14). Von größerer Bedeutung ist in der Region auch die Schweine- und Rinderhaltung, wobei hier die Zahl der Betriebe seit Jahren rückläufig ist, die Zahl der Tiere aber gleich bleibt oder zunimmt (LSN 2020 Tabelle Z6080020).

Viele Ursachen der Kulturlandschaftsentwicklung und des aktuellen Erscheinungsbildes gehen auf die ursprüngliche Naturlandschaft zurück. Um diese nachvollziehen zu können, wurde Deutschland in sich ähnelnde Naturräume gegliedert. Diese Naturräume sind vor allem durch ihre jeweilige natürliche Ausstattung (Boden, Wasserhaushalt usw.) und entsprechende Nutzungsmöglichkeiten charakterisiert.

Abbildung 5: Bücken aus 300 Meter Höhe, Ansicht von Südwest, rechts davon liegt Altenbücken, in der oberen Bildmitte die Stadt Hoya. Die zusammenhängende Waldfläche am Ortsrand im Vordergrund wird als »Bürgerholz« bezeichnet und dient vor allem Freizeit- und Erholungszwecken.

Der gewählte Ausschnitt der Mittelweser gehört überwiegend zur Naturraumeinheit des Weser-Aller-Flachlands, er wurde 1959 von Meisel in drei Unterregionen unterteilt: die Weseraue mit der Weser, westlich davon die Niederterrasse, die sich in die Hoyaer Lehmplatte und die Bückener Vorgeest unterteilt. Am Westrand der Niederterrasse beginnt die Naturraumeinheit der Syker Geest, die bereits durch Gletschergeschiebe während der vorletzten Eiszeit, im sogenannten Saale-Komplex, entstand (Karte 2, S. 32).

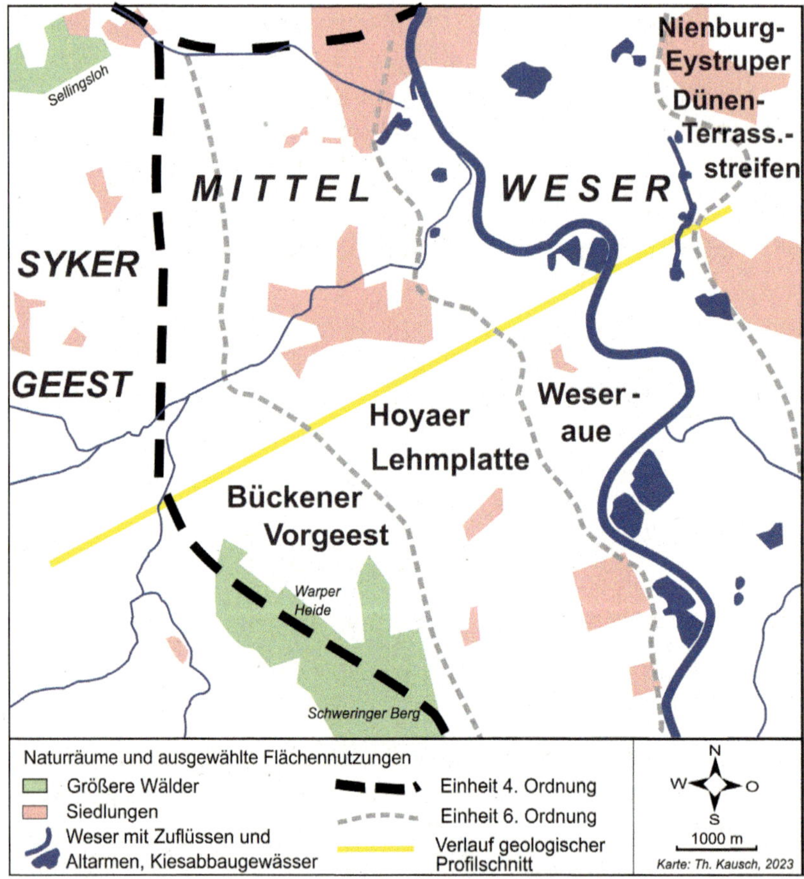

Karte 2: Die naturräumlichen Einheiten des gewählten Wesertalausschnitts. Datenbasis: Digitalisierung nach TK50 (2019), Grenzen nach Meisel 1959, verändert nach BK50 2017 und Geländebegehungen.

Die Weseraue ist gekennzeichnet durch den sogenannten Braunen Auenboden, der auch als »Vega« bezeichnet wird (BK50 2017). Das mit dem Wasserstand der Weser schwankende Grundwasser, Überflutungen sowie Anschwemmungen fruchtbarer Lehme haben die Bodenbildung wesentlich beeinflusst. Die Flussaue »gilt seit altersher als fruchtbares Land gegenüber der höher liegenden, sandigen Geest« (Semmel 1993, S. 64). Zwischen der Weseraue und der Geest ganz im Westen liegt noch die schmale von Nord nach Süd verlaufende Hoyaer Lehmplatte. Diese kiesig-sandige Niederterrasse ist von schlickreichen Weserablagerungen bedeckt, was unter Waldbedeckung zur Entwicklung von sogenannten Braunerden geführt hat, die überwiegend günstige Wasserhaushalte aufweisen und deshalb ebenfalls Ackergebiete mit guten bis sehr guten Erträgen sind.

Die Bückener Vorgeest, die stark vom Hangwasser der Syker Geest beeinflusst ist, gehört noch zur Niederterrasse, bildet aber schon die Übergangszone vom Wesertal zur Geest (Meisel 1959). Die sandigen Ablagerungen stammen von der eiszeitlichen Weser und ihrer Zuflüsse von der

Abbildung 6: Der Weserfernradweg verläuft südlich von Altenbücken (P16) direkt auf der Grenze zwischen Niederterrasse (links) und der etwa drei Meter tiefer gelegenen Weseraue rechts im Bild. Beim Dezemberhochwasser 2023 überspülte das Wasser sogar einige Bereiche des Weserradweges.

Geest, sodass feuchtere Sandplatten mit Niederungen und (heute trockengelegten) Flachmooren abwechseln. Der geologische Aufbau in Abbildung 7 (S. 35) lässt erahnen, welche enormen Kräfte durch Eis- und Wassermassen während der letzten Kaltzeit gewirkt haben müssen, um die mächtigen Kies- und Sandschichten ins Wesertal zu transportierten. Im folgenden Kapitel wird besonders auf die Endphase der Eiszeit und auf die nacheiszeitliche Bildung des fruchtbaren Auenlehms näher eingegangen.

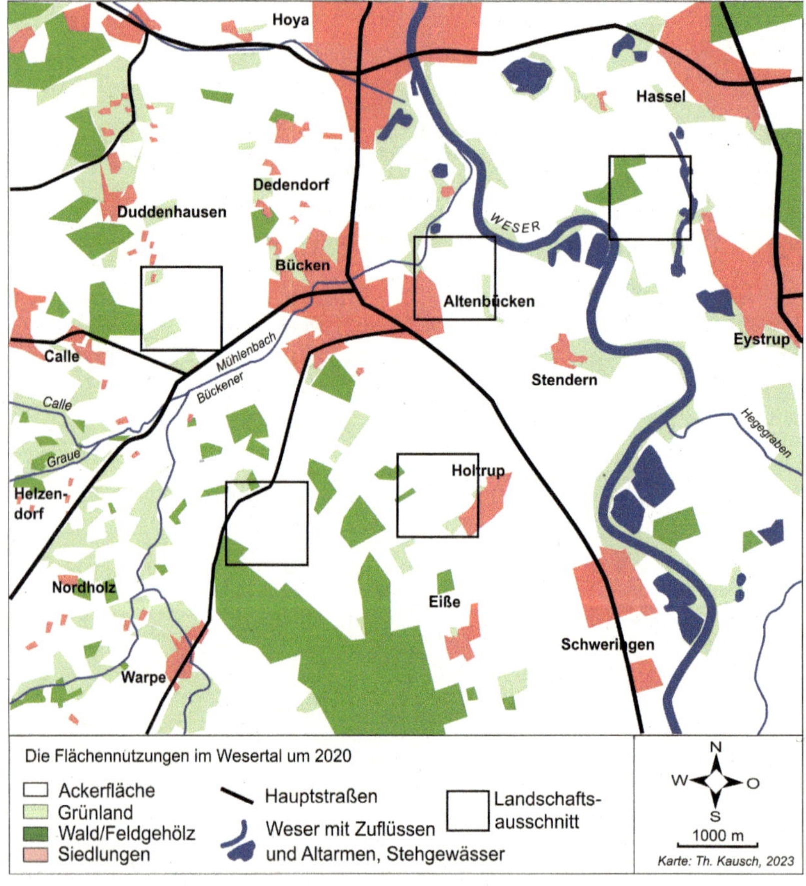

Karte 3: Übersichtskarte der Region mit den heutigen Flächennutzungen und den fünf genauer dargestellten Landschaftsausschnitten. Datenbasis: digitalisiert nach TK50 (2019) und DOP (2021).

Die etwas höher als die Aue gelegenen Landschaftseinheiten Hoyaer Lehmplatte und Bückener Vorgeest sind weniger hochwassergefährdet, womit sie frühzeitig bevorzugter Raum für Siedlungen und Ackerbau geworden sind. Da durch jahrzehntelange Entwässerung der Grundwasserspiegel deutlich abgesenkt ist (BK50 2017), hat dieser Aspekt in der heutigen Landschaft allerdings nicht mehr die Bedeutung wie noch vor einigen Jahrzehnten. Vor allem der Randbereich zwischen Niederterrasse und Weseraue hat mit seiner zentralen Lage zwischen Acker- und Grünlandgebieten frühzeitig zur Gründung von Siedlungen geführt, was später bei den Zeitreisen noch genauer betrachtet wird.

Auf der rechten Weserseite schließt sich die sandig-kiesige Niederterrasse des Nienburg-Eystruper Dünen-Terrassenstreifens an. Hier wechseln sich Braunerden mit mittleren bis guten Erträgen mit trockenen bis dürren Sanddünenfeldern ab, die lange Zeit von ausgedehnten Heideflächen überzogen waren und heute vor allem von Kiefernforsten bedeckt sind (Meisel 1959).

Die kurz skizzierten Naturräume wurden zwar seit der Untersuchung durch Sofie Meisel vor über 60 Jahren vor allem durch die landwirtschaftliche Nutzung stark überformt und in gewisser Weise angeglichen, ihre

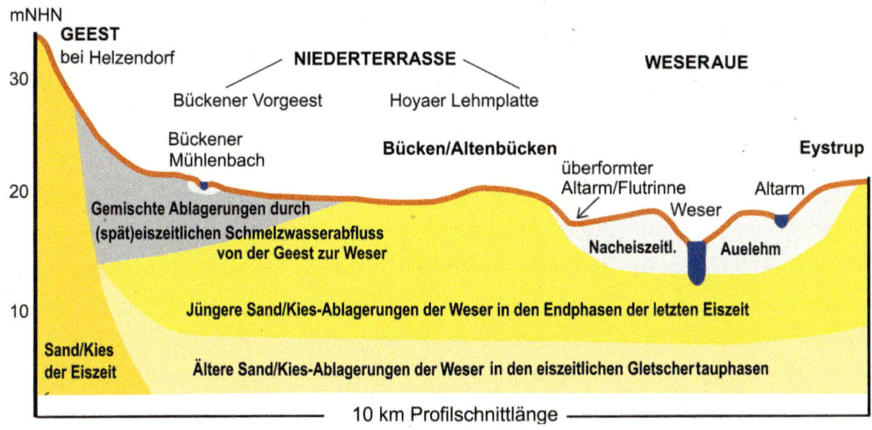

Abbildung 7: Vereinfachte Darstellung der geologischen Einheiten im gewählten Ausschnitt des Wesertals. Datenbasis: Höhenprofil nach TK25, geologische Einheiten nach GK25. Der Verlauf des Profilschnitt ist als gelbe Linie in Karte 2 dargestellt.

Bezeichnungen und Grenzen haben trotzdem auch heute noch ihre Gültigkeit (Drachenfels 2010).

Die heute wichtigsten Flächennutzungen werden in Karte 3 dargestellt und zeigen den hohen Anteil landwirtschaftlicher Nutzflächen und die stärkere Präsenz von Wald- und Grünland auf den weniger ertragreichen Böden der Vorgeest.

Der Blick auf die Naturräume macht deutlich, dass die Weser für die Charakteristik der Landschaft von besonderer Bedeutung ist. Sie fließt auf einer Länge von 451,4 km in nördlicher Richtung durch die Mittelgebirge und das Norddeutsche Tiefland. In Karte 4 (S. 37) ist der Weserlauf gegliedert von ihren Quellflüssen Werra und Fulda und dann als Oberweser, Mittelweser und Unterweser bis zur Nordsee als Außenweser dargestellt. Um die Bedeutung des Flusses für die Kulturlandschaftsentwicklung angemessen einzuschätzen, muss immer wieder betont werden, dass die »heutige« Weser eine ganz andere ist als noch vor einigen Jahrhunderten. Damals befand sich die Weser noch annähernd in einem Gleich-

Abbildung 8: Blick aus Süden auf die Verbindungsstraße von Schweringen in Richtung Bücken, Mitte links der Ort Holtrup, am rechten Bildrand Stendern, darüber die Weser mit den weißen Industrieanlagen bei Hoya. Die Weseraue liegt in etwa rechts der Straße, und die Hoyaer Lehmplatte setzt sich überwiegend links davon fort. Beim Dezemberhochwasser 2023 waren große Teile der Weseraue überschwemmt.

gewicht zwischen Erosion (Abtragung) und Sedimentation (Ablagerung). Als der unregulierte Fluss noch seine Dynamik voll entfalten konnte, erodierte (vertiefte) die Weser in der Hochwasserphase ihr Flussbett und sedimentierte (erhöhte) aber wieder in der Niedrigwasserphase. »Dadurch bleibt die Flußsohle ab ihrem Oberlauf in einem Gleichgewicht, das vom Geschiebe dynamisch erhalten wird« (Reichholf 1988, S. 128).

Karte 4: Übersichtskarte der Weser und ihrer Zu- und Quellflüsse sowie dem rot gekennzeichneten Gebiet des Mittelwesertalausschnitts. Quelle: Wikipedia-Datenabruf unter dem Begriff »Weser« im Mai 2022, https://de.wikipedia.org/wiki/Weser, verändert.

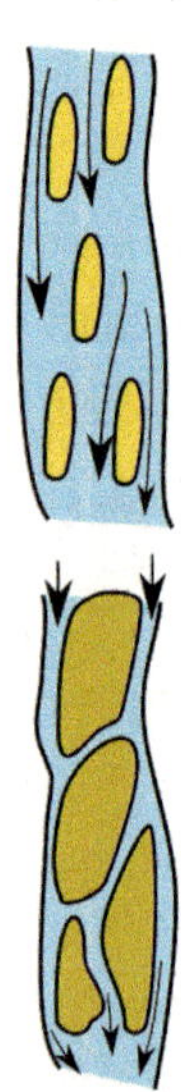

Die „eiszeitliche" Weser vor 15.000 Jahren

Kies- und Geröllinseln führen in Gletscherschmelzphasen zu einem sehr starken und ungeteilten Strom mit labilem Ufer und ohne Ufervegetation.

Die „verzweigte" Weser vor 11.500 Jahren

Sie bildet den „kurzen" Übergang zum Mäandern. Kies- und Sandinseln teilen den schwächer gewordenen Hauptstrom am Ende der Eiszeit auf, die ganzjährige Wasserführung beginnt mit regelmäßigeren Niederschlägen. Abschnittsweise setzt bereits Mäandrieren ein, labiles Ufer, weiträumige Überschwemmungen erfassen oft auch die Niederterrasse.

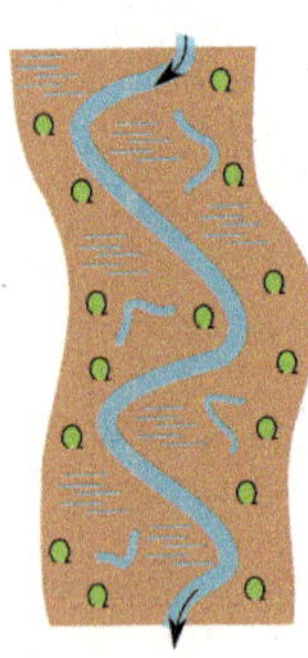

Die „mäandrierende" Weser vor 10.000 Jahren

Die Wasserführung des stark mäandrierenden Hauptstroms schwankt mit den Jahreszeiten, Nebenströme und Altarme entstehen, Niedrigwasser wechselt mit Hochwasser, Weichholz- sowie Hartholzauenvegetation bilden einen Galeriewald am Fluss und stabilisieren das Ufer. Immer seltener wird die Niederterrasse überschwemmt. Vor ca. 5.000 Jahren beginnt die Ablagerung fruchtbaren Auenlehms, Kies und Sand verstärkt zu bedecken. Überschwemmungen bleiben meist in der Aue.

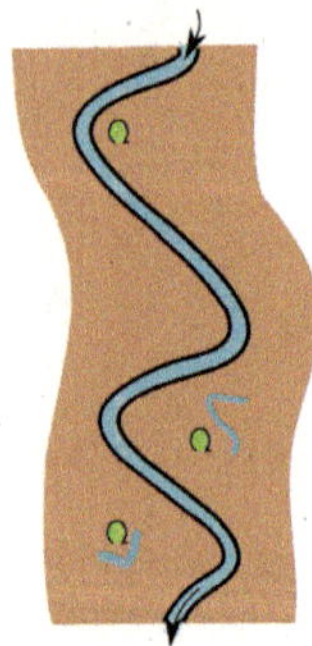

Die „kanalisierte" Weser der Gegenwart

Eingedeichter Hauptstrom mit wenigen Altarmen und absterbenden Auenwaldresten, Deiche verhindern Hochwasser und sorgen für schnellen Wasserabfluss, starke Auenlehmablagerung im Mittelalter begünstigt heute eine Intensivlandwirtschaft unmittelbar am Fluss. Sehr stabiles Ufer, eingeschränkte Wasserqualität, Grundwasserabsenkung.

Abbildung 9: Schematische Darstellung wichtiger Entwicklungsphasen der Weser seit der letzten Eiszeit. Eigene Graphik nach Beschreibungen von Caspers (1993) und Lipps (1988). Weitere Erläuterungen zum Aussehen des Flusses und seines Umlands finden sich im Text.

Mit dem Einsetzen der Deichbaumaßnahmen im Mittelalter änderte sich das aber allmählich und führte dazu, dass die Weser im 18. Jahrhundert zunehmend versandete und die Bremer Häfen für größere Seeschiffe unerreichbar wurden. Es kam daher im 19. Jahrhundert zum Entschluss, eine Korrektur des Flusses durchzuführen. Außerdem sollte damit der Hochwasserschutz grundlegend verbessert werden, denn die Wasserführung der Weser kann sich je nach Witterung erheblich verändern. Während bei Niedrigwasser 25 Kubikmeter pro Sekunde zu Tal fließen, beträgt die Wasserführung bei Mittelwasser 156 und bei Hochwasser 2.300 Kubikmeter je Sekunde (Flohn 1967). Um den Jahreswechsel 2023/24 wurden wieder historische Rekordpegelstände erreicht, und es kam zu großflächigen und mehrwöchigen Überflutungen in der Weseraue.

Nachdem frühe Maßnahmen in der ersten Hälfte des 19. Jahrhunderts eingeleitet wurden, wirkte der Wasserbauingenieur Ludwig Franzius seit 1875 in Bremen und hat als Pionier die Begradigung und Vertiefung der Weser zwischen der Mündung in die Nordsee bei Bremerhaven und den Häfen in Bremen geleitet. Die Arbeiten an der sogenannten Weserkorrektion begannen 1887 und fanden in der ersten Baustufe bis 1895 ihre Realisierung. Danach erfolgten dann wesentliche wasserbauliche und wasserwirtschaftliche Maßnahmen im Bereich der Mittelweser. Schon Ende des 19. Jahrhunderts sollten Steinschüttungen am Ufer zu sogenannten Buhnen den Wasserstrom konzentrieren, um so eine Vertiefung des Fahrwassers zu bewirken.

Mit dem Bau des Weserwehrs in Bremen-Hastedt 1911 begann die Anhebung des Wasserspiegels der Mittelweser durch Staustufen und Schleusenkanäle, so auch bei Dörverden, wo 1911 die sogenannte Lohofschleife durchschnitten wurde (Jorzick 1952). Seitdem wurden verschiedenste Ausbaumaßnahmen wie Schleusenbauten oder Uferrückverlegungen durchgeführt, die zu Verbreiterungen des Flusses führten, sodass heute Binnenschiffe mit einer Länge von 110 Metern auf der Weser zwischen Bremen und Minden fahren können. Die Mittelweser ist staugeregelt, wozu sie vom Wasserstraßenkreuz Minden bis zum Bremer Weserwehr in Hastedt mit sechs Staustufen reguliert wird (WSA 2022).

Neben dem Strömungsverhalten hat sich auch die Wasserqualität der Weser stark verändert. Nachdem im 19. Jahrhundert zunehmend Kalilauge durch die Kalifabriken an Werra und Fulda eingeleitet worden war, kam es zu hohen Cloridkonzentrationen (Versalzung) im Flusswasser. Dies führte zu verschiedenen Problemen und Maßnahmen bei den angrenzenden Kommunen (Trinkwasser), Fischerei (Fischsterben), Landwirtschaft (keine Bewässerung) sowie Industrie- und Gewerbebetrieben (aufwendige Wasserenthärtung). In den 1950er- und 1960er-Jahren kam es infolge der schlechten Wasserwerte zum fast völligen Bestandsverlust der Edelfische (Flohn 1967). Verschiedenste Versuche, das Problem zu lösen, haben bisher nur zu einer Verringerung der Chloridwerte geführt. »Die Versalzung von Werra und Weser (…) bleibt ein ungelöstes, eminentes Umweltproblem« (Bork 2020, S. 151), auch wenn die Wasserqualität heute deutlich besser ist als noch vor wenigen Jahrzehnten und die Fischbestände sich erholt haben. Heute liegen die höchsten Chloridwerte mit 300–400 mg/Liter immer noch über dem empfohlenen Maximalwert von 250 mg/Liter. Anfang der 1990er-Jahre lagen die Höchstwerte aber oft noch über 3.000 mg/Liter (Weser Messstelle Drakenburg, NLWKN 2023), was die positive Entwicklung bei der Wasserqualität verdeutlicht.

Erste Zeitreise: Von der Eiszeit bis zur Gegenwart

Um nachvollziehen zu können, warum die Landschaft an der Mittelweser heute so aussieht, wie sie aussieht, erfolgt die erste Zeitreise über den großen Zeitraum vom Ende der Eiszeit vor ca. 11.600 Jahren bis heute. Im Mittelpunkt steht dabei der Wandel von der Natur- zur Kulturlandschaft des rund 100 Quadratkilometer großen Teilbereichs des Wesertals. Bei dieser als »retrospekiv-genetisch« bezeichneten Betrachtungsweise wird die Landschaft, aus der Vergangenheit kommend, zeitlich voranschreitend betrachtet, um »frühere Formen und den Prozeß der Entwicklung zu erfassen und zu erklären« (Uhlig/Lienau 1972, S. 19). Da die landschaftsbildenden Prozesse zunächst vor allem von der Natur geprägt waren und erst nach und nach stärker vom Menschen, wird in diesem Kapitel die zeitlich voranschreitende Vorgehensweise von der Vergangenheit in die

Zukunft für sinnvoller erachtet, als von der Gegenwart in die Vergangenheit zurückzugehen, was später erfolgen wird. Die Reise aus der Vergangenheit kommend durchzuführen hat zum Ziel, die wesentlichen Impulse der Landschaftsentwicklung herauszuarbeiten und die zentralen Ursachen und Wirkungen kennenzulernen, die zu den Landschaftszuständen geführt haben, die am »Vorabend« der Industrialisierung im 18. Jahrhundert vorzufinden waren und zu denen in späteren Kapiteln nochmals zurückgekehrt wird.

Die Kenntnis der naturräumlichen Verhältnisse aus dem vorherigen Kapitel ist für das Verständnis heutiger Strukturen ebenso von Vorteil wie ein Blick auf die groben Züge der Entstehung der ursprünglichen Naturlandschaft. Er hilft unter anderem dabei, Überlegungen zur erstmaligen Besiedlung, zu (agrar)wirtschaftlichen Voraussetzungen und ihren Veränderungen anzustellen. Indem das Wie und Wann der Besiedlung nachgezeichnet werden, kann der Wandel von der weitgehend unberührten

Abbildung 10: Die Flussschlingen der Weser sind noch heute ein sichtbares Zeichen dafür, dass das Gewässer früher einen wesentlich dynamischeren Charakter hatte als heute. Regelmäßig änderte der Fluss seinen Verlauf, und Altarme entstanden, wenn eine der Windungen vom Hauptstrom durchbrochen und später vom Fluss abgetrennt wurde. Heute befindet sich die Weser in einer Art »wasserbaulichem Korsett«, was zuverlässige Binnenschifffahrt und Hochwasserschutz durch Deiche gewährleistet. Im Vordergrund ist ein Altarm in der östlichen Weseraue bei Eystrup zu sehen, im oberen linken Bildausschnitt befinden sich die Kiesabbaugewässer bei Schweringen, oben rechts ehemalige Abbaugewässer in der Marsch bei Altenbücken.

Naturlandschaft zur menschengeprägten Kulturlandschaft verdeutlicht werden. In dieser frühen Phase lässt sich auch die Frage beantworten, welchen Einfluss damals die Umweltfaktoren auf die menschliche Gesellschaft hatten und welche Landschaften seit damals verschwunden sind.

Wegen der oft spärlichen Datenlage wird nachfolgend die Entwicklung der Mittelweserregion zunächst in groben Zügen nachgezeichnet und dabei auch auf Daten und Beschreibungen zurückgegriffen, die nur für größere Raumeinheiten wie Norddeutschland und Mitteleuropa vorliegen, aber auch auf diese Region zutreffen. Der Blick auf die Landschaft der Region erfolgt sozusagen aus etwas »größerer Flughöhe«. Wir sehen bei der jetzt folgenden Zeitreise also einen größeren Raumausschnitt (ca. 100 km^2) und erkennen dafür weniger Details, als wenn wir mit geringerer Flughöhe über kleinere Landschaftsausschnitte fliegen. Diese tieferen Flüge erfolgen später.

Als die Natur alles dominierte

Die letzte entscheidende Prägung erfuhr das Wesertal in der Weichseleiszeit, als riesige sommerliche Schneeschmelzwässer den Talboden mit Sand und Kies auffüllten (ausführlich bei Behre 1994, Seedorf/Meyer 1996B). Die Region lag damals vor dem nordöstlich der Elbe liegenden Gletscher und war nur mit schütterer Vegetation bedeckt. Hier formten Kälte und Trockenheit ungehindert die von einer schützenden Vegetationsdecke entblößten Landschaften. Diese eiszeitlichen Landschaftsveränderungen begannen vor ca. 115.000 Jahren und endeten vor etwa 11.600 Jahren. In den kältesten Phasen der maximalen Vergletscherung vor 22.000 bis 19.000 Jahren haben kaum Menschen im heutigen Niedersachsen gelebt. Erst seit etwa 15.500 Jahren ist Mitteleuropa wieder ohne Unterbrechung besiedelt (Richter 2017), sodass auch im Wesertal Jäger und Sammler unterwegs waren, »an den Flüssen auch als Fischer in sehr geringer Bevölkerungsdichte, denn die Ernährungsgrundlage war hier schmal« (Behre 1994, S. 29).

In der Eiszeit schmolz in den kurzen Sommern immer ein wenig vom Gletscher. Die Gewalt der dabei entstehenden Schmelzwassermengen riss Schutt mit sich, sodass vor den Gletschertoren Sanderflächen aus Schotter und Sand abgelagert wurden und große Teile der niedersächsischen Geest entstanden. Die großen Wassermengen sammelten sich in den Urstromtälern, die immer ungefähr parallel zur Gletscherstirn und zum Band der Endmoränen verliefen und in die alle Schmelzwasserbäche einmündeten (Küster 2010).

Nachdem die sich zurückziehenden Eismassen den Weg dann wieder frei gemacht hatten, änderte die Weser ihren Lauf in Richtung Norden. Schmelzwasser der Gletscher und Niederschlagswasser aus den Mittelgebirgen vereinten sich zu Urströmen, denen auch die Weser zufloss. Das Tal des Aller-Weser-Urstroms, am weitesten südlich gelegen, reichte von der mittleren Oder über den Mittellauf der Elbe bis zur Mündung der Weser. Etwa auf Höhe der heutigen Stadt Hoya vereinten sie sich mit der Weser, um anschließend in das Bremer Becken zu strömen (Liedtke 1995, Küster 2016).

Zu dieser Zeit wurde die Region zumindest zeitweise von Menschen bei der Jagd nach Wildtieren genutzt. So ist es vorstellbar, dass die eiszeitlichen Jäger die erhöhte Geest am Talrand nutzten, um im vegetationsfreien Wesertal durchziehende Wildtierherden aufzuspüren, so wie es im Bereich der Elbe durch Funde nachgewiesen ist (Küster 2010). Nennenswerte landschaftsgestaltende Eingriffe in die Naturlandschaft sind von den nicht ständig sesshaften Jägern und Sammlern aber nicht ausgegangen (Behre 1994). Neueste Forschungen gehen aber davon aus, dass einige Tierarten in ihren Beständen deutlich reduziert und zum Teil ausgerottet wurden (Glaubrecht 2023).

Eis, Wasser und Kies

Vor etwa 10.000 Jahren führte die langsam fortschreitende Erwärmung in Mitteleuropa zu den heute vorherrschenden Klimabedingungen, was die Voraussetzungen für weitreichende Veränderungen in der Landschaft schuf. Nach der eiszeitlichen Ausspülung des Wesertals erfolgte eine allmähliche Anfüllung des Talbodens mit Terrassenkiesen und Talsanden, die wegen der fehlenden Bewaldung durch Westwinde zu Dünenbildung an den Talrändern führten. Sie finden sich heute vor allem noch im Eystruper Dünen-Terrassenstreifen.

Als die Gletscher bis auf kleine Reste im süddeutschen Hochgebirge abgeschmolzen waren, setzte eine allmähliche Wiederbewaldung Mitteleuropas ein, die aber langsam vor sich ging, da die wärmeliebenden Pflanzen erst als Früchte oder Samen durch Winde oder Tiere aus Südeuropa über die Alpen bzw. an deren östlichen und westlichen Flanken vorbeitransportiert werden mussten (Küster 2016). Durch die geringer werdenden Wassermengen begann sich die Weser allmählich von einem wilden Fluss mit mehreren Armen, die in einem Kiesbett fließen, zu einem mäandrierenden Fluss mit einem Hauptstrom zu verändern (Abbildung 9, S. 38), wie es Bodenanalysen aus dem Mittelwesertal belegen (Caspers 1993, Lipps 1988). Da das Kiesbett aber erst einige Jahrtausende später mit fruchtbarem Auenlehm bedeckt wurde (s. unten), war der mäandrierende Charakter der Weser noch völlig anders als heute. Sie floss in der regelmäßig überfluteten Talaue in einem vielfach verzweigten Flussbett und änderte (noch) ständig ihren geschlungenen Hauptstrom, schüttete Kies und Sandbereiche an der einen Stelle auf und riss sie wieder weg. Viele Altarme wechselten mit größeren Haupt- und kleineren Nebenströmen (Jorczik 1952, Haversath 1997).

Abbildung 11: Blick von der Geest ins Wesertal bei Bücken (P23). Als während der letzten Eiszeit keine Vegetation den Blick behinderte, konnten Jäger durch das Tal ziehende Wildtierherden über große Entfernungen gut beobachten und jagen. Heute sind noch sehr oft Rehe (Bildmitte) in der überwiegend flachen und weitgehend offenen Tallandschaft zu beobachten. Im Winter sammeln sich oft mehr als ein Dutzend Tiere zu einer Gruppe.

Die Vegetation an der Weser wurde von sandigen und kiesigen Ablagerungen und den jahreszeitlich unterschiedlichen Wasserständen geprägt. Mit dem milderen, feuchteren Klima und der aufkommenden Vegetation mit regelmäßigem Laubabfall waren wichtige Voraussetzungen für die Bildung von Humus (Semmel 1993) auf den sandig-kiesigen Ablagerungen der eiszeitlichen Weser gegeben. An regelmäßig überschwemmten Flächen breiteten sich zunächst strauch- und baumförmige Weiden der Weichholzaue aus. Hochwasser und Eis brachen immer wieder Weidenzweige ab oder rissen ganze Sträucher und Bäume mit sich, die sich flussabwärts zum Teil wieder festsetzten und bewurzelten (Küster 2010).

Wilder Fluss und einwandernde Baumarten

Vor etwa 8.000 Jahren war das Wesertal dann weitgehend von ausgedehnten Wäldern mit Birken, Weiden und Kiefern bedeckt, wie Pollendiagramme belegen (Behre 2008, Caspers 1993). Vermutlich waren nur noch sehr stark vernässte Moore waldfrei (Küster 2010). Es existierten kaum deutliche Grenzen in der Landschaft, weder zwischen Wald und Offenland noch zwischen den einzelnen Typen von Wäldern. Die Landschaft war zu dieser Zeit im Uferbereich der Weser geprägt von lichteren Auenwäldern. Die Weichholzaue mit Silberweiden bestimmte die häufig überschwemmten grundwassernahen Flussbereiche, während nach und nach Ulmen, Erlen, Eichen und Eschen die grundwasserfernere Hartholzaue bildeten (Ellenberg/Leuschner 2010, Küster 2010). Die Kiefer wurde von nun an immer weiter verdrängt, bis sie vor 2.000 Jahren für einige Jahrhunderte fast völlig aus den Pollendiagrammen Nordwestdeutschlands verschwand (Behre 2008, Pollendiagramm S. 53).

Auf der Niederterrasse und der Geest ließ der Einfluss des Flusses immer mehr nach, was zu trockeneren Böden und anderen Zusammensetzungen der Vegetation führte. Die letzten vereinzelten Überschwemmungen auf der Niederterrasse zwischen den heutigen Orten Schweringen und Bücken gab es, bevor die ersten Bauernfamilien in den Raum kamen, also vor mehr als 6.000 Jahren (BK 50, 2017). Dort, wo aus der Geest Bachläufe wie der Bückener Mühlenbach, die Graue oder die Calle ins Tal flossen, waren wiederum kleine Auenbereiche mit Erlen und Wei-

Abbildung 12: Der renaturierte Bachlauf der Graue mit Erlen und Weiden (P11). Dieser Zufluss des Bückener Mühlenbachs gibt einen ungefähren Eindruck vom natürlichen Zustand der damaligen Fließgewässer.

den dominierend, hier gab es regelmäßig lokale Überschwemmungen. Außerhalb dieser schmalen Auenwälder dominierten Eichenmischwälder die Landschaft, die mit Linden und Ulmen durchsetzt waren. Die heute dominante Schattbaumart Rotbuche wanderte gerade erst aus Südeuropa ein und fehlte deshalb noch weitgehend. Die neu auftretenden Laubbaumarten waren meist wärmeliebender und anspruchsvoller hinsichtlich der Nährstoffversorgung als die davor unmittelbar nach der Eiszeit eingewanderten Birken-, Kiefern- und Weidenarten (Küster 2010).

Während die damalige Baumartenzusammensetzung der Wälder kaum strittig ist, gehen die Meinungen über die Bewuchsdichte der damaligen Urwälder auseinander. Nicht wenige Vegetationswissenschaftler beschreiben die damaligen Wälder aufgrund von Pollenanalysen auch ohne menschliche Rodungen als wesentlich offener als die heutigen Wirtschaftswälder. Sie sind davon überzeugt, dass die Wälder kein durchgängiges Kronendach aufwiesen und mit Lichtungen durchzogen waren. Gründe hierfür könnten durch den Menschen bewusst gelegte Waldbrände oder auch die großen Pflanzenfresser Auerochse und Wisent, die erst später durch den Menschen ausgerottet wurden, sein. Das Für und Wider der wissenschaftlichen Diskussion um das Aussehen der damaligen Wälder stellt unter anderem Peter Poschlod (2017) ausführlich dar. Der Blick auf die letzten vorhandenen europäischen Urwälder (Fotos bei Knapp 2017) verstärkt aber die Annahme, dass die Wälder im Wesertal seinerzeit tatsächlich sehr gut zu begehen waren. Natürliche Eichen-Hainbuchenwälder verfügen über eine »Hallen«-Struktur und sind deshalb »im Bestandesinneren relativ licht- und demzufolge auch straucharm« (Härdtle et al. 2008, S. 146). Alte Mutterbäume, deren makellose Stämme wie die Säulen einer Kathedrale wirkten, ließen mit ihrem tiefen Schatten

Abbildung 13: Aus der Deckung dicht bewachsener Altarme wie hier bei Eystrup (P20) konnten neben Fischen auch Wasservögel mit ihren Gelegen von den Jägern und Sammlern erbeutet werden, eine wichtige und relativ verlässliche Proteinquelle für die damals lebenden Menschen! Ursprüngliche Flüsse und ihre begleitende Aue gehören zu den artenreichsten Lebensräumen Mitteleuropas und werden als »Hotspots« der Artenvielfalt bezeichnet. Dies liegt an der hohen Dynamik durch die enge Nachbarschaft von Flussarmen und abgetrennten Altarmen, Tümpeln, Auwäldern, Feuchtwiesen und trockenen Kies- und Sandinseln. Die Extreme zwischen Hochwasser und Niedrigwasser bieten sehr vielen Tier- und Pflanzenarten einen Lebensraum.

Kräutern und Sträuchern kaum eine Chance zu wachsen. Der natürliche Waldboden war von altem braunen Laub bedeckt. Nur vereinzelt waren am Boden einige dicke, abgestorbene Stämme zu sehen, weil die Bäume in den Urwäldern ein hohes Alter erreichten (Wohlleben 2015).

Die mit Urwäldern bedeckte Naturlandschaft bot den Menschen recht wenig Nahrung, weshalb die temporären Siedlungen der Mittelsteinzeit, auch Mesolithikum genannt, vor rund 6.000 bis 11.000 Jahren oft an Seen und Flüssen sowie deren Altarmen lagen. Hier waren neben der Jagd auch Fischfang und Sammeltätigkeiten möglich, und es gab zudem Wasservögel. Im Auenbereich von Flüssen wie der Weser war der Wald offener, und das Wild fand sich hier gern zum Äsen und Trinken ein. »An solchen Stellen lebten die mesolithischen Siedler oft mehrere Monate in ihren Hütten, bevor sie weiterzogen« (Behre 2008, S. 131).

Der Mensch war in seiner langen evolutionären Entwicklung hervorragend an diese Lebensweise angepasst: »Wenn er als Pionier irgendwo hinkam, hat er die Natur geplündert und ist dann weitergezogen; anderswohin, um dort von vorn zu beginnen« (Glaubrecht 2023, S. 469). Nachweise über konkrete Siedlungsreste aus dieser Zeit sind aufgrund der natürlichen Vergänglichkeit der Baustoffe äußerst selten. Allerdings belegen Reste steinzeitlicher Einbäume, dass die Weser durch Schifffahrt schon vor 7.000 Jahren genutzt wurde (Hornecker 2023).

Das Ende der Jäger und Sammler

Die Zeit der Jäger und Sammler endete mit der neolithischen Revolution nach den starken klimatischen Umbrüchen am Ende der Eiszeit. Ursache war die »Erfindung« der Landwirtschaft im Bereich des heutigen Syriens und Iraks vor etwa 12.000 Jahren, die zur Sesshaftwerdung der Menschheit und damit völlig anderen Lebensraumansprüchen führte. Die Gründe dafür sind noch nicht endgültig erforscht, wobei dem Klimawandel von Kalt- zur Warmzeit wohl eine Schlüsselrolle zukam.

Josef Reichholf (2008A) beschreibt sehr anschaulich die einzelnen Entwicklungsschritte vom Wildgras bis zum Urgetreide und die Anfänge der Nutztierzucht. Er führt die Ursache für die Sesshaftwerdung nicht allein auf eine Verknappung an Jagdwild nach der Eiszeit zurück, sondern sieht auch in der Verarbeitung und Lagerung von berauschenden Lebensmitteln wie Bier einen Grund zur Anlage von Siedlungen und dem Getreideanbau. Da die eiweißreichen Wildgräser Pflege und Schutz vor hungrigen Pflanzenfressern brauchten, musste das Nomadentum aufgegeben werden, denn »Ackerbau erfordert feste Wohnsitze« (Reichholf 2008A, S. 281). An die Stelle der mittelsteinzeitlichen Jäger, Sammler und Fischer traten Bauernfamilien mit Nutztieren, die einfache Getreidearten, wie Emmer und Einkorn, anbauten, gebrannte Tongefäße benutzten und geschliffene Steinwerkzeuge verwendeten (Reichholf 2008A).

Allerdings gestaltete sich der Wechsel vom Nomadentum zur Sesshaftigkeit als große Herausforderung. Immer mehr Forschende teilen heute die Einschätzung, dass die neolithische Revolution das Leben keineswegs angenehmer oder leichter machte; ganz im Gegenteil war der Alltag für die Bauernfamilien eher härter als für die Jäger und Sammler geworden. Zwar nahm die Gesamtmenge an Nahrung und die Zahl an Geburten zu, aber das Leben in großen anonymen Gesellschaften wurde wesentlich komplizierter, zudem gab es plötzlich viele neue Krankheiten und vor allem mehr Gewalt und Verteilungskämpfe (Glaubrecht 2023, Harari 2013). Der Mensch hatte zunächst nicht die richtigen Mittel, um mit den gewaltigen Veränderungen fertigzuwerden, die die Umwälzungen der neolithischen Revolution mit sich brachten. Die Krisenbewältigung gelang schließlich durch umfangreiche kulturelle Regeln für die Gesellschaft, die sich in der Entstehung der Bibel und den Religionen manifestierten (van Schaik/Michel 2024). »Gott wurde, so ließe sich lapidar formulieren, zur Survivalstrategie« (Glaubrecht 2023, S. 463). Damit war die Voraussetzung zur weltweiten Ablösung der Jäger und Sammler durch die Sesshaftigkeit erfordernde Landwirtschaft gegeben.

Eine eindeutig belegbare flächendeckende und schnelle Verbreitung des Ackerbaus und der Viehhaltung setzte in Mitteleuropa etwa vor 7.500 Jahren in Süd-Nord-Richtung ein, sodass der Küstenraum von Nord- und Ostsee erst rund 2000 Jahre später vollständig von dieser neuen Wirtschaftsform erreicht war (Parzinger 2015).

Mit dem Einzug dieser sesshaften und Ackerbau betreibenden Menschen wandelte sich die Beziehung des Menschen zu seiner Umwelt grundlegend, was zur Folge hatte, dass die natürliche Waldlandschaft in den folgenden Jahrtausenden durch eine bäuerlich geprägte Landschaft ersetzt wurde. Erstmals greift der Mensch aktiv und gezielt in die Naturlandschaft ein und verändert sie. Die archäologischen Funde im Bereich des Mittelwesertals belegen, dass hier vor ca. 5.800 Jahren (Bischop 2013) erste menschengemachte Landschaftsveränderungen durch Siedlungstätigkeit einsetzten. Pollendiagramme zeigen Gleiches mit dem erstmaligen Auftreten von bestimmten Gräsern als Siedlungszeiger vor ca. 5.500 Jahren und Getreide seit ca. 5.000 Jahren in Nordwestdeutschland an (Behre 2008).

Aber auch schon einige Jahrhunderte bevor Landwirtschaft treibende Menschen in die Mittelweserregion kamen, begann sich hier die Landschaft durch die landwirtschaftlichen Aktivitäten des Menschen zu verändern. Ursache waren großflächige Waldrodungen auf den Gunststandorten in den flussaufwärts gelegenen Lössgebieten im Weserbergland, der Oberweser und entlang der Quellflüsse Werra und Fulda (s. Karte 4, S. 37), die im Gegensatz zur Mittelweser bereits von den Bauernfamilien der ersten Besiedlungswelle erschlossen waren.

Wasser, das von den dort gerodeten Flächen abfloss, riss feines Erdreich und Humus von den fruchtbaren Lössböden mit sich. Als weiter flussabwärts mit nachlassender Wasserkraft die Lehmfracht zu Boden sank, entstand der fruchtbare Auenlehm des Wesertals. Wie Bodenanalysen belegen, schwemmen seit mehr als 5.000 Jahren im mittlerem Wesertal (Caspers 1993) vor allem Frühjahrshochwasser an der Weseraue fruchtbaren lehmigen Boden über den eiszeitlichen Sand- und Kiesvorkommen an. Mit der Ablagerung (Verlagerung) der Lössböden aus den Gebieten der Oberweser wurde die Weseraue gerade unter landwirtschaftlichen Gesichtspunkten für die zuwandernden Bauernfamilien wesentlich attraktiver, was sich in den folgenden Jahrhunderten weiter verstärkte.

Bevor es zur Ablagerung des Auenlehms kam, lag die Aue etwas tiefer als heute, und der Übergang zur Niederterrasse dürfte sich entsprechend stärker im Gelände abgezeichnet haben. Diese Höhenverhältnisse haben damals wahrscheinlich schneller und häufiger zu einer Hochwassersituation in flussnahen Bereichen geführt. Allerdings spricht auch einiges dafür, dass damals das Wasser im kiesig-sandigen Untergrund zu großen

Teilen versickerte und zudem schnell von rinnenartigen Vertiefungen im Kiesbett abgeleitet wurde. Dies änderte sich aber in den folgenden Jahrtausenden mit dem zunehmend angeschwemmten Lösslehm insofern, als es immer öfter zu einer flächenhaften Verteilung des Hochwassers kam und die Lehmanteile die Versickerung verlangsamten (Nietsch 1955).

Die umherziehende Lebensweise der Jäger und Sammler wirkte zwar kleinräumig auf die Landschaft, etwa durch bewusst gelegte Brände oder die Entnahme von Wild, Fischen, Früchten, Holz oder Pilzen; die geringe Bevölkerungsdichte und das Weiterziehen ließen die Spuren der Menschen aber schnell wieder verschwinden. Hinzu kam, dass die Stärke der Gruppen meistens nur um 20 Personen lag, bei Zusammenschlüssen zeitweise bis maximal 50 Köpfen (Haller 2010). Die Zeit der reinen Naturlandschaft ohne nennenswerte Eingriffe des Menschen sollte nun aber enden.

Die Entstehung der Kulturlandschaft

Als vor etwa 5.800 Jahren die Bevölkerung in den weseraufwärts gelegenen Lössgebieten des Mittelgebirges immer mehr anwuchs und zudem viele Viehzüchter aus den Steppen um das heutige Kiew nach Mitteleuropa einwanderten (Bachmann 2023), wurden neue Siedlungsräume benötigt, sodass allmählich auch die nördlich gelegenen, lössfreien Gebiete bis zur Nord- und Ostsee besiedelt wurden bzw. besiedelt werden mussten. Günstige Leitbahnen, an denen sich die Menschen bei ihren Wanderungen orientieren konnten, waren dabei in Mitteleuropa die Flüsse. Als Erschließungswege wurden vor allem gehölzarme Schotterablagerungen oder Boote genutzt, um »jetzt auch an die Terrassenkanten in den Flussniederungen, die durch die ökologischen Veränderungen der Flusssysteme eben erst entstanden waren« (Küster 2010, S. 100), zu gelangen.

Dass die Böden in Wesernähe ähnlich fruchtbar waren wie in den Lössgebieten, erkannten die Menschen auch ohne aufwendige Bodenanalysen. Man orientierte sich damals an sogenannten Zeigerpflanzen, die Rückschlüsse auf verschiedenste Beschaffenheiten eines Standorts zuließen (Licht 2015). Neueste Erkenntnisse lassen dabei vermuten, dass die einwandernden Bauernfamilien eine Zeit lang friedlich neben den Jägern und Sammlern in einem Gebiet lebten (Bachmann 2023).

Abbildung 14: Blick aus 300 Meter Höhe von der Geest bei Calle ins Wesertal (P19). Oben in der Bildmitte liegt die Stadt Hoya, am oberen rechten Bildrand der Flecken Bücken. In den größeren Waldflächen in der Mitte und links lagen lange Zeit viele Hügelgräber, einige sind noch bis heute erhalten geblieben.

Etwa zu dieser Zeit befand sich südlich Nienburgs, im Ort Müsleringen bei Stolzenau, in unmittelbarer Nähe der Weser ein großer Platz für Versammlungen und rituelle Handlungen, worauf Opfergaben wie Keramikgefäße und eine Getreidereibe zum Mahlen von Mehl hinweisen. »In Müsleringen befand sich vermutlich der gemeinsame Mittelpunkt eines Stammes« (Berthold/Bischop 2016, S. 89). Das vor ca. 5.000 Jahren angelegte und gut erhaltene Großsteingrab im heutigen Ort Stöckse bei Nienburg bezeugt ebenfalls, dass neben der Landwirtschaft auch erste bauliche Aktivitäten die Umwelt veränderten.

Ebenfalls in dortiger Nähe befindet sich ein Grabhügelfeld, das als das Zentrum der »Nienburger Kultur« gilt und im Regionalmuseum besichtigt werden kann. Es ist nur rund 1.700 Meter von der heutigen Weser entfernt, etwa zwei bis drei Meter höher gelegen und wurde vor ca. 3.700 Jahren angelegt. Weitere Beispiele sind viele (ehemalige) Grabhügelfelder, wovon noch mehr als ein Dutzend in der Landesaufnahme von 1770 verzeichnet sind. Die alten Hügelgräber und archäologischen Funde beweisen, dass die Niederterrasse des Wesertals »stets bevorzugtes Siedlungsgebiet gewesen« ist (Seedorf 1977, S. 154). Für die Archäologie ist es heute auf jeden Fall geklärt, dass die Weser als Korridor weitreichender Beziehungen bereits vor 5.000 Jahren eine Schlüsselstellung bei der Verbreitung verschiedener technischer und kultureller Entwicklungsimpulse innehatte (Philippi 2021).

Grabhügel als Zeitzeugen

Die tatsächliche Zahl der ursprünglichen Grabhügel war deshalb früher in der Region wesentlich größer. Das drei Kilometer westlich von Schweringen gelegene Hügelgräberfeld »Schweringer Berg« bestand zum Beispiel aus 48 Grabhügeln, die zwischen fünf und 13 Meter Durchmesser und etwa einen Meter Höhe maßen (südlich P6). Viele wurden sogar noch im 20. Jahrhundert durch Aufforstungsarbeiten zerstört (Ehlich 1987). Gerade in Gebieten mit intensiver landwirtschaftlicher Nutzung wie zwischen Schweringen, Bücken und Hoya wurden die meisten von ihnen aber schon vor langer Zeit eingeebnet (Metzler/Wilberz 1991). Finden heute größere Erdbewegungen auf den Feldern statt, wie jüngst bei

Abbildung 15: Ein Grabhügel zwischen Schweringen und Warpe (P6). Auf einem Schild am Baum informiert der damalige niedersächsische Kulturminister: »Urgeschichtlicher Grabhügel – Geschütztes Kulturdenkmal«.

Bauarbeiten nördlich Hoya, stößt man schnell auf jahrtausendealte Siedlungsreste (DH 22.08.2023). Dies unterstreichen auch private Funde, wie beispielsweise die zahlreichen Steinwerkzeuge, die zwischen Bücken, Holtrup und Schweringen von 1930 bis 1978 an 37 Fundstellen entdeckt wurden. Sie werfen für die Archäologie die Frage auf, warum eine so große Anzahl jungsteinzeitlicher Geräte im Raum Bücken und Schweringen entdeckt wurde, und lassen vermuten, dass »hier vor 4.000 bis 5.000 Jahren eine ungewöhnlich hohe Bevölkerungsdichte« bestand (Freese 2023, S. 3). Erste Antworten haben sich bei der bisherigen Landschaftszeitreise schon ergeben, beispielsweise was die hohe Bedeutung der Weser als Besiedlungsachse angeht. Suchen wir im Folgenden nach weiteren Erklärungen.

Dazu geht es mit der Reise weiter voran in die Zeit vor 4.000 Jahren. Die Wälder in der Mittelweserregion hatten sich weiter verändert. Außerhalb der Auenwaldbereiche der Weser und ihrer Zuflüsse waren nun Stieleichen und Hainbuchen dominierend, da sie auch mit höheren Grundwasserständen zurechtkamen (Ellenberg/Leuschner 2010, Karte 6). Die Buche erreichte vor 3.000 bis 4.000 Jahren, aus Süden kommend, langsam den norddeutschen Raum und mischte sich auf überschwemmungsfreien Flächen immer dann bestandsbildend in die Laubwälder, wenn die Flächen vorher gerodet wurden (Ellenberg 1996). Die besten Böden waren von Linden bestanden, deren Anzahl genau in diesem Zeitraum deutlich abnahm. Nach Karl-Ernst Behre (2008) liegt die Ursache darin, dass das Vieh nun nicht mehr in Pferchen gehalten, sondern zum Grasen in den Wald getrieben wurde, wo es das ganze Jahr über verblieb. Insbesondere in Hochwäldern hatte das Vieh Probleme, an Zweige zu gelangen, sodass die aufkommenden Bäume, deren Keimlinge und Sträucher gefressen wurden.

So wurden die Wälder vor allem in Siedlungsnähe lichter, und es bildete sich schnell ein grüner Teppich von Gräsern und Kräutern aus, der immer mehr Nahrung für das Vieh lieferte. Vor allem die winterliche Waldweide führte zur Schädigung des Waldes, denn in dieser Hungerzeit wurden alle erreichbaren Knospen und jungen Triebe abgefressen. So entstand eine offene Hudelandschaft, in der wahrscheinlich einige Eichen als sogenannte Mastbäume für die »Eichelmast« durch den Menschen bewusst geschützt stehen blieben. »Von jetzt an ist der Beginn einer Kulturlandschaft in Norddeutschland erkennbar« (Behre 2008, S. 142).

Menschen verändern die Waldlandschaft

Ein weiterer Eingriff in die Vegetation erfolgte durch das Laubheusammeln und das »Schneiteln«, worunter das wiederholte Abschneiden beblätterter Schösslinge als wesentlicher Teil des Winterfutters verstanden wurde. Wegen des geringen Nährwertes wurden für eine Kuh 1.000 Bündel Laubheu pro Halbjahr benötigt, was zu einer starken Veränderung der Baumartenzusammensetzung der Wälder führte. »Ohne es zu wollen, traf der Mensch mit seinen Viehherden nach und nach eine Auswahl unter den Bäumen zugunsten derjenigen Arten, die ungern oder gar nicht gefressen werden und deshalb als Weideunkräuter galten« (Ellenberg/Leuschner 2010, S. 31).

Fest steht, dass durch die Sesshaftwerdung des Menschen in temporären Siedlungen auch im Wesertal gänzlich neue Lebensräume wie Äcker durch Brandrodung oder Weiden sowie Heiden durch Waldweide entstanden und durch diese Flächennutzungen neue Vegetation und Artenvielfalt gefördert wurden (Poschlod 2017). »Man könnte es auch so ausdrücken: Der Mensch hat mit der Schaffung der Kulturlandschaft das Pflanzenkleid Mitteleuropas verjüngt und hält es in diesem Zustand« (Reichholf 1989, S. 144). Je nach Grad und Dauer des Einflusses und je nach den Standortverhältnissen wechselten gelegentlich beweidete Gegenden mit bebuschten oder parkartigen, gelockerten Baumbeständen und den eigentlichen Wäldern ab. »Stellen wir uns noch hier und dort ein Dorf oder eine Gehöftgruppe sowie Äcker und Gärten vor, die durch Hecken, Mauern oder Zäune gegen das frei umherschweifende Vieh geschützt sind, so haben wir ein allgemeines Bild Mitteleuropas vor uns, wie es mehr als zwei Jahrtausende hindurch gültig war« (Ellenberg/Leuschner 2010, S. 32).

Der Wandel vom Wald- zum Kulturland verursachte auch starke Änderungen in der Artenzusammensetzung aller Tiergruppen. Nachdem die Großtiere wie Wisente, Urochsen, Rentiere und Hirsche vom Menschen zurückgedrängt waren, wurden sie von Rindern, Schafen und Ziegen ersetzt. Der Mensch sammelte die Beeren und Wildfrüchte, Pilze und

Honig, welche der Bär bis dahin beansprucht hatte. Die Hauskatze nahm die Stellung der Wildkatze ein. Die Feldmaus war bisher in den ursprünglichen Wäldern selten und unbedeutend, erlangte in den Fluren aber sehr schnell »eine so wichtige Stellung, daß sie gleichsam zum Brennpunkt des Geschehens wurde. Sie vermehrte sich rasch und in solchen Massen, daß regelrechte Mäuseplagen übers Land zogen. Die natürlichen Feinde der Feldmaus waren nicht in der Lage, ihre Vermehrung in Schach zu halten« (Reichholf 1989, S. 34). In den nachfolgenden Jahrhunderten wanderten weitere Tierarten, insbesondere Vögel und Insekten aus dem Mittelmeerraum, in diese neu entstandene offene Kulturlandschaft Mitteleuropas ein und erhöhten die Artenvielfalt um mehr als ein Drittel.

Hans Heinrich Seedorf und Hans-Heinrich Meyer (1996) gehen davon aus, dass die Einführung des Ackerbaus, der Viehhaltung und der Vorratswirtschaft zu einer zehnfach höheren Bevölkerungszahl der Bauernfamilien gegenüber den Jägern und Sammlern führte. In der Zeit vor 3.800 bis vor 2.700 Jahren wechselten Abschnitte des Bevölkerungswachstums mehrfach mit Phasen des Bevölkerungsrückgangs, was oft durch Seuchen oder Klimaschwankungen ausgelöst wurde. Die »Urnenfelderzeit war vermutlich die trockenste Periode seit dem Ende der letzten großen Eiszeit« (Behringer 2010, S. 78), was zur Folge hatte, dass die Menschen sich weiterhin an Flusstälern und Seeufern ansiedelten. Da auch der Grundwasserspiegel »erheblich tiefer als heute« (ebd., S. 78) lag, gilt eine Besiedlung der hochwasserfreien Niederterrasse durch eine Landwirtschaft betreibende Bevölkerung als sicher. Aus Pollenanalysen der Weserniederterrasse geht hervor, dass die Besiedlung vor 5.000 Jahren mit intensiven Rodungen einsetzte und bis vor 1.500 Jahren »mit großen, weitestgehend entwaldeten Flächen nicht nur in der Aue, sondern auch auf der Niederterrasse« einherging und »die auenorientierte Lebensweise des prähistorischen Menschen« belegt (Caspers 1993, S. 89). Hierzu passen auch gut die zwischen Schweringen und Warpe weitverbreiteten Podsolböden. Sie entstehen vor allem durch menschlichen Einfluss mit der Beseitigung des Waldes und der anschließenden Verhinderung einer Wiederbewaldung durch anhaltende Beweidung, was zur Auswaschung der Böden führt (Semmel 1993, Behre 1994).

Im Vergleich zur eher zu trockenen und in weiten Teilen weniger fruchtbaren Geest erschien die Weseraue mit ihrer hohen Bodenfruchtbarkeit äußerst attraktiv für zuwandernde Bevölkerungsgruppen, es blieb allerdings das Hochwasserrisiko. Die Nähe zur Weser garantierte dafür gutes Weideland und brachte außerdem weitere Vorzüge, wie Frischwasser und Fischfang. Wenn vor 500 Jahren noch massenweise Lachse und Störe von bester Qualität in der Weser lebten (Poschlod 2017), dann erst recht vor 2.000 Jahren.

Die Ablagerung (Sedimentation) von fruchtbarem Auenlehm begann im Wesertal vor 2.500 Jahren immer stärker zu werden. Die andauernde Ausweitung des Ackerbaus hatte dazu geführt, dass die lössbedeckten Hügel im Einzugsgebiet der Weserzuflüsse nun fast völlig waldfrei waren und nach Starkregen durch Wegschwemmen immer mehr ihres fruchtbaren Lösses verloren (Bork 2020). Durch den angeschwemmten Boden wurde die Wasserführung des Flusses ungleichmäßiger. Die Schneeschmelze in den waldfreien Herkunftsgebieten des Lösses erfolgte außerdem schneller, und Starkregen floss auf dem durch Beweidung verdichteten Boden zügiger ab als unter Wald. Hierdurch stieg die Transportkraft des Wassers, sodass es das Flussbett vertiefte und den Grundwasserspiegel im Tal absenkte. Die Auenlehme wurden schließlich zu Standorten, die zwar noch gelegentlich überschwemmt, aber kaum noch vom Grundwasser beeinflusst werden (Ellenberg/Leuschner 2010).

Die Einführung des schollenwendenden Scharpfluges (Wendepflug) vor ca. 2.500 bis 2.000 Jahren kann als wichtige technische Innovation bezeichnet werden, da, mit kräftigen Ochsen als Zugtieren bespannt, die schweren Böden auch in der Flussmarsch der Weseraue besser ackerbaulich genutzt werden konnten (Seedorf/Meyer 1996). Auch hier kam der Weser eine Schlüsselfunktion zu, denn sie diente als »Kontaktweg zu den südlich ansässigen Gruppierungen der Hallstattkultur«, über die »die Eisentechnologie ins norddeutsche Flachland vermittelt« wurde (Häßler 1991, S. 197). Darüber hinaus sprechen zahlreiche weitere Funde von importierten Sachgütern im Gebiet der Mittelweser dafür, dass »es lange andauernde wirtschaftliche Beziehungen zwischen der Nienburger Gruppe und den süddeutschen Gruppen der Hallstatt- und Latènekultur gab«

(Häßler 1991, S. 199). Da auch der gesamte nördlich angrenzende Elbe-Weser-Raum bereits besiedelt war (Behre 1994), bestätigt dies ebenfalls die weserparallele Süd-Nord-Richtung der Raumerschließung.

Nun haben wir auf der Zeitreise durch die Mittelweser und die angrenzenden Regionen so viel erfahren, dass wir uns ein erstes Bild von der

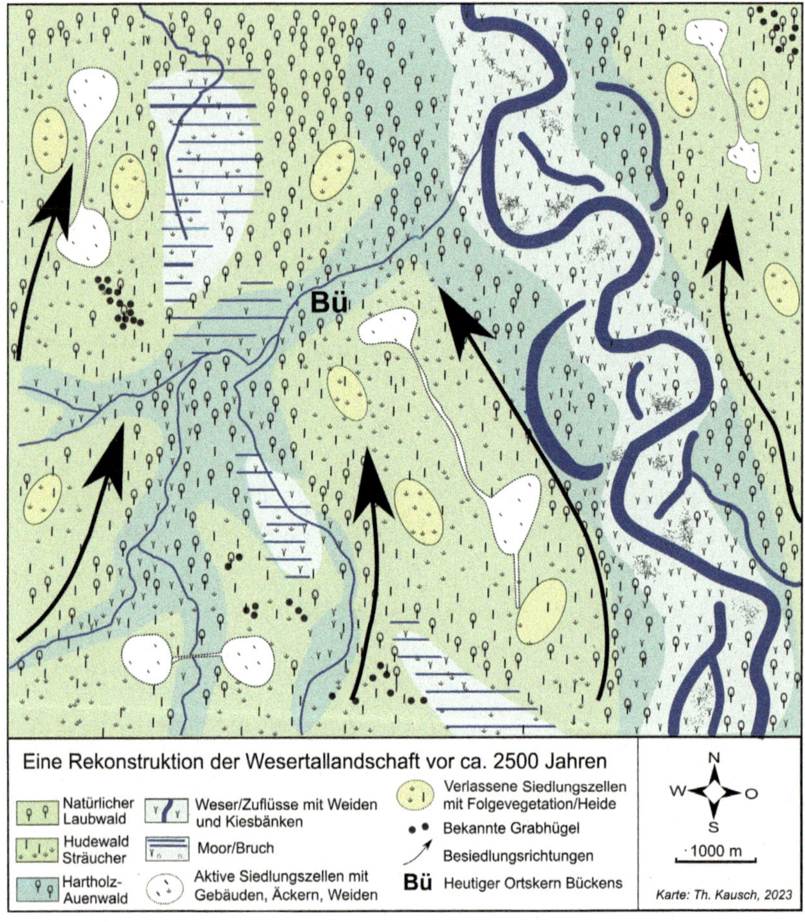

Karte 5: Eine Rekonstruktion des Mittelwesertals bei Bücken vor ca. 2500 Jahren. Datenbasis: Digitalisierung nach TK50 (2019), Böden nach BK50 (2017), Vegetation nach Ellenberg 1996 u. Ellenberg/Leuschner 2010, Siedlungen/Bevölkerung (Jäger 1993, Behre 2008), Weser nach GK25 (1991). Erläuterungen zu weiteren Quellen, Annahmen und Rückschlüssen im Text.

noch jungen Kulturlandschaft machen können. Das Wesertal sah sicherlich nicht genau so aus, wie es die Karte 5 auf Seite 58 zeigt, aber wahrscheinlich annähernd so. Die dafür zugrunde gelegten Annahmen ermöglichen mit einer gewissen Wahrscheinlichkeit eine ungefähre Vorstellung von der Landschaft vor etwa 2.500 oder 3.000 Jahren. Aber auf welche Annahmen stützt sich die Rekonstruktion?

Mit der aktuellen Bodenübersichtskarte wurden zunächst die Auen sowie Moore und Bruchbereiche identifiziert und die Weser in ihrem natürlichen Flussbett dargestellt. Dazu wurde der Flussverlauf mit Altarmen nach Angaben der Geologischen Karte (GK25 1991) rekonstruiert. Dabei ergeben sich Analogien zu den Darstellungen Jorzicks (1952), der den ehemaligen Weserlauf von Hoya bis Bremen rekonstruiert hat. Die Angaben zur potenziell natürlichen Vegetation resultieren aus den Vorgaben der Böden und wurden nach Heinz Ellenberg (1996 und Ellenberg/Leuschner 2010) umgesetzt.

Temporäre Siedlungen und Waldweide

Weitere Annahmen für die Rekonstruktion der Landschaft ergeben sich aus der damaligen Lebens- und Wirtschaftsweise, über die schon einiges berichtet wurde. Schauen wir aber noch mal etwas genauer auf die Siedlungen. Es ist bekannt, dass die temporären Siedlungsflächen nur einige Jahrzehnte genutzt werden konnten, da die Häuser repariert oder neu gebaut werden mussten und außerdem die Erträge auf den überschwemmungsfreien Ackerflächen der Niederterrasse nachließen. Man verließ also den bisherigen Siedlungsplatz, zog einige hundert oder tausend Meter weiter und baute neue Häuser. Auf diese Weise konnten die für die Gebäude benötigten Holzstämme gleich am Ort der Rodung einfacher verbaut und mussten nicht zur »alten« Siedlung transportiert werden (Küster 2017). Die bis zu 30 Meter langen und sechs Meter breiten Hallenhäuser mit Stallteil und Speicher waren überwiegend nordwestlich-südöstlich ausgerichtet und boten für eine Familie Platz (Behre 2008), wobei Jankuhn (1976) für einen Hof sieben bis acht Personen unter Einschluss der Kinder und Alten als praktikable Größenordnung veranschlagt. Die einfachen Gehöfte waren als Streusiedlungen über das

Land westlich der Weser verteilt. Mehrere benachbarte Höfe waren oft in Form einer Gruppensiedlung errichtet, um Vorteile bei der Feldbestellung, Verteidigung oder Versorgung gegenüber der Einzelsiedlung (Einzelhof) nutzen zu können (Born 1977). Bezüglich der Sozialstruktur ist davon auszugehen, dass sich die benachbarten Höfe einer Siedlungszelle aus Verwandtschaftsgruppen aufbauten (Walletschek 1994, Hamann 1982). Aus neueren Genanalysen weiß man, dass es zu dieser Zeit die Frauen waren, die von einer in die andere Familie wechselten und auch über größere Entfernungen hinweg »heirateten«. Die Männer blieben dagegen am Ort bei ihrer Verwandtschaft und fungierten als Oberhaupt der Familie (Bachmann 2023).

Da viele Hügelgräber zerstört wurden, gilt es als sicher, dass es noch mehr Hügelgräberstandorte gab als in der Karte eingezeichnet. Diese mussten aber nicht zwangsläufig in unmittelbarer Nähe der Siedlungen gelegen haben, ganz im Gegenteil. Neuere Forschungsergebnisse aus dem Verdener Raum legen nahe, dass die Bestattungsplätze dauerhaft angelegt waren und man dafür bewusst einen Platz wählte, »der von der Welt der Lebenden, der Siedlung, separiert lag und meist nur über einen Weg gut zugänglich war« (Hofmann 2008, S. 367). Vermutlich wollte man sich damit zugleich vor den Toten schützen. »Eventuell spielte der Bestattungsplatz als Konstante innerhalb eines mobilen Siedlungsgefüges auch für die Identität der Bestattungsgemeinschaft eine Rolle« (ebd.). Diese Aussagen fügen sich nahtlos in die Landschaftsrekonstruktion der Karte 5 ein.

Aufgrund dieser Siedlungs- und Wirtschaftsweisen wurde ein weiterer Schritt hin zur Kulturlandschaft vollzogen: Die Kühe, Schafe, Ziegen und Schweine lichteten während der Vegetationsphase durch die Waldweide die ursprünglichen Eichen-Birken-Wälder um die Siedlungsräume herum immer weiter aus, sodass die natürliche Vegetation stark verändert wurde und heideartige Bereiche entstanden (Abbildung 22, S. 80). Hinsichtlich des Flächenanteils des Siedlungslandes (Häuser, Äcker, Wiesen, Weiden, hofnahe Nutzwälder) wurden in Karte 5 etwa 10 Prozent der Gesamtfläche in Ansatz gebracht, was sich an die Überlegungen von Helmut Jäger und seine Karte zu den Siedlungsräumen des westlichen Mitteleuropa anlehnt (Jäger 1994, Karte S. 15, ähnlich auch Jankuhn 1963, Abb. 3).

Wurde ein neues Waldstück als Siedlungszelle gerodet, deren Nutzung nach einigen Jahrzehnten wieder aufgegeben wurde, so konnten zunächst Sträucher und Birken und dann unter ihnen vor allem Eichen und Buchen aufwachsen, bis sich nach etwa 100 Jahren wieder ein geschlossener Wald entwickelte. Diese Form des Wanderfeldbaus führte zur verstärkten Ausbreitung der Buche in ganz Europa, deren Ausdehnung erst mit dem Auftreten von ortsfesten Siedlungen und damit veränderter Waldnutzung endete (Küster 2010). Wie stark der Anteil der Buche im Wesertal genau war, bleibt offen.

Bei angenommenen 2 bis 2,2 Einwohnern je km^2 (Jäger 1994, S. 13 f.) könnten ca. 180 bis 200 Menschen in dem etwa 90 km^2 großen Gebiet des Kartenausschnitts gelebt haben. Von ähnlichen Bevölkerungszahlen für den Raum Diepholz und Nienburg/Weser gehen auch neuere historische Forschungen aus, »die durchschnittliche Größe der Dörfer lag wohl zwischen 40 und 70 Einwohnern« (Feuerle 2016, S. 142), also meistens etwa vier bis acht Höfen. Es ist anzunehmen, dass die Siedlungen einige Jahrhunderte später in der römischen Kaiserzeit etwas größer waren, nach-

Abbildung 16: Wie schon vor 3.000 Jahren weiden auch heute noch Pferde und Schafe im Bereich der Weser und den daran angrenzenden Grünflächen. Die Aufnahme entstand am östlichen Weserufer (P7).

dem agrarische Innovationen und ein günstigeres Klima die Voraussetzungen für ein Bevölkerungswachstum boten (Schwarz 1991).

Die Lage auf den wenige Meter höher gelegenen und weitgehend überflutungssicheren Stellen der Niederterrasse mit kurzen Wegen zur nährstoffreichen Aue ergibt noch aus einem weiteren Grund Sinn. Küster (2010) weist darauf hin, dass zwischen den locker stehenden Bäumen der Flussniederung reichlich Gräser und Kräuter wuchsen, nachdem das Winter- oder Frühjahrshochwasser abgelaufen war und sich fruchtbarer Auenlehm abgelagert hatte. Da damals die Pferdehaltung gerade einen hohen Stellenwert erhielt und die anspruchsvollen Tiere vom Menschen besonders als Transportmittel und wohl auch als Statussymbol geschätzt wurden, boten die Auenränder genau die Alternativstandorte zu den von der Waldweide ausgelaugten Weiden der Geest und Niederterrasse. Knochenfunde von sehr jungen Pferden aus dem Wesertal »lassen mit Sicherheit darauf schließen, daß das Pferd auch als Schlachttier gehalten wurde« (Häßler 1991).

Vielleicht waren die Bedingungen hier sogar so günstig, dass neben der Deckung des Eigenbedarfs eine geringe Überschussproduktion mit Agrarhandel existierte, wie es aus den fruchtbaren Flussmarschen Niedersachsens bekannt ist (Häßler 1991). Auch der Blick auf die Verortung von Fundstellen germanischer Altertümer vor ca. 1.900 Jahren bestätigt die Lagegunst am Fluss. Sie liegen in auffällig hoher Dichte wie eine Perlenschnur entlang der Weser im Unterschied zur angrenzenden Geest (Schwarz 1991, Karte S. 242). Möglichst dicht am Fluss wurde gesiedelt, denn hier lagen die besten Siedlungs- und Ackerstandorte.

Die bewusste Nutzung ökologisch günstiger Bedingungen hatte zu einer »selektiven Besiedlung« der besten Siedlungsplätze geführt. Dieses Vorgehen war umso bedeutender, je geringer die technischen Möglichkeiten einer Gesellschaft waren. Mit dem regelmäßigen Wechsel der Siedlungen an neue, nahe gelegene (Wald-)Standorte knüpften die Menschen unbewusst an ihre Erfahrungen als Jäger und Sammler an. Ihre Vorfahren hatten über viele Jahrhunderttausende als Pioniere erst die Ressourcen eines Raumes ausgebeutet und waren danach in neue Jagdgebiete weitergezogen. »Das ist eine evolutiv erfolgreiche Strategie, solange es noch die Möglichkeit gibt, einfach weiterzuwandern und neue Lebensräume zu finden« (Glaubrecht 2023, S. 89).

Von römischen Schriftstellern erfahren wir erstmalig Namen der in der römischen Kaiserzeit im Weser-Hunte-Raum lebenden Stammeseinheiten. So siedelte vor ca. 1.900 Jahren der Germanenstamm der Angrivarier im Bereich der Mittelweser. Der Hunneneinfall um 375 in das Ostgotenreich gilt als Beginn der Völkerwanderungszeit, in der die Besiedlungsdichte im Mittelwesertal zwar deutlich abnahm, es aber zu keinem vollständigen Siedlungsabbruch kam (Bischop 2013). Es bestand weiterhin Siedlungskontinuität.

Rückkehr der Naturlandschaft

Während die Ursachen für die Völkerwanderungszeit lange umstritten waren, weisen neuere Untersuchungen darauf hin, dass neben dem Zusammenbruch des Römischen Reiches und dem darauffolgenden Machtvakuum vor allem deutliche klimatische Veränderungen vom dritten oder vierten bis zum achten Jahrhundert von entscheidender Bedeutung waren (Behringer 2010). »Es war dies eine massive Verschlechterung des Klimas auf der Nordhemisphäre. Sie drückte Völker, die weiter im Norden und im Innern Asiens viele Jahrhunderte gelebt hatten, nach Süden und vor allem Südwesten« (Reichholf 2008A, S. 257). Mehrere größere Vulkanausbrüche in Südamerika um das Jahr 640 verstärkten die nasskalte Klimaperiode sogar nochmals und sorgten für eine »Spätantike Kleine Eiszeit« (Bork 2020, S. 21) im Zeitraum vom sechsten bis ins siebte Jahrhundert, sodass vielerorts der Ackerbau aufgegeben wurde und auch im Mittelwesertal der Flächenanteil der Wälder – trotz Siedlungskontinuität (!) – wieder sehr deutlich anstieg. Die Naturlandschaften breiteten sich für wenige Jahrhunderte wieder aus.

Für die Mittelweserregion ist der Blick auf klimatische Krisenzeiten, die oft mit erhöhten Niederschlägen und niedrigeren Temperaturen einhergingen und zu Missernten führten, sehr wichtig, denn er hilft, daraus Aussagen über die »Qualität« der Region abzuleiten. Ein Gebiet ist nach Hans-Rudolf Bork (2020) eher zu den Gunststandorten zu zählen, wenn eine Besiedlung auch in (klimatischen) Krisenzeiten anhält. Diese Siedlungskontinuität war in der Mittelweserregion nachweislich vom fünften bis zum siebten Jahrhundert gegeben (Bischop 2013), wie die Gräberfelder im 20 Kilometer südlich gelegenen Liebenau oder im nördlich an Hassel angrenzenden Dörverden belegen (Behre 2008). Die erheblichen klimatischen Verschlechterungen der Spätantiken Kleinen Eiszeit führten in anderen Regionen Norddeutschlands zu Abwanderungen von Bevölkerungsgruppen und zur Aufgabe von Siedlungen sowie der Entleerung ganzer Landstriche.

Da agrarische Gunstgebiete wie die Börden- oder Küsten- und Flussmarschenzonen »in vorindustrieller Zeit ganz entscheidend auf den natürlichen Grundlagen« (Haversath 1994, S. 82) basieren, bleiben sie trotz Bevölkerungsrückgängen meistens weiter besiedelt. Weil in der Spätantike »jedoch die meisten Siedlungen nördlich der Alpen aufgegeben« wurden und nur »wenige Zentralorte eine dünne Siedlungskontinuität« (Behringer 2010, S. 93) bis ins Mittelalter aufwiesen, ist dieser Umstand für die Mittelweserregion von hoher Aussagekraft. Hieraus kann geschlossen werden, dass die Region ein in mehrfacher Hinsicht attraktiver Siedlungsraum war.

Vor etwa 1.200 Jahren hatten sich die klimatischen Bedingungen in Mitteleuropa wieder den langjährigen »Normalwerten« angeglichen, und es sollte ein neuer Impuls mit einschneidenden Veränderungen für die Landschaft an der Mittelweser eintreten. Reisen wir also weiter ins achte Jahrhundert und erleben im Wesertal die Anfänge des Mittelalters.

Starke Impulse durch ortsfeste Siedlungen

Am Übergang von der Spätantike zum frühen Mittelalter kam die prähistorische mobile Siedlungsweise zu ihrem Ende, und die ländliche Siedlung erlangte nun Ortsfestigkeit. »Die Entstehung ortsfester ländlicher Siedlungen ist ein grundlegender Wandel in der Geschichte der Landschaft« (Küster 2010, S. 170). Die Entstehung dieser immobilen Siedlungen muss nicht zeitgleich mit der Benennung von Ortschaften stattgefunden haben, denn ein Ortsname kann bereits zusammen mit der Bevölkerung und der Siedlung lange Zeit »gewandert« sein. Er wurde dann oft für die letzte und zugleich ortsfeste Siedlung übernommen. Aber was gab den Ausschlag für diese neue Siedlungsweise?

Die seit Jahren andauernden Streitigkeiten zwischen christlichen Franken und heidnischen Sachsen, die sich nur zögernd und mit Widerstand dem Christentum öffneten, boten schließlich den Anlass zu den großen Sachsenkriegen von 772 bis 804 unter Karl dem Großen (Honselmann 1958). Sie brachten neue machtpolitische Interessen in die Region, die (zwangsläufig) mit der Sicherung des gerade gewonnenen Territoriums einhergingen. Wirtschaftliche, staatliche und kirchliche Führungseliten zielten darauf ab, Mitteleuropa zu einem Land ortsfester Siedlungen zu machen, denn nur diese Besiedlung war in einem Staats- und Wirtschaftssystem kalkulierbar und für eine erfolgreiche Macht- und Wachstumspolitik entscheidend.

Von besonderer Bedeutung war dabei der erstmalige Bau von (Dorf-) Kirchen, denn da die Kirchengebäude Heiligen geweiht waren, durften sie und die umliegenden Siedlungen nicht mehr aufgegeben werden. »Die Kirche wurde zu einem Kristallisationskern des Dorfes« (Küster 2010, S. 177). Ähnlich wie heute bei Franchiseunternehmen werden damals Filialen eröffnet, denn »mit ihrer Hilfe lassen sich Steuern eintreiben, die jeder Staat zum Leben braucht« (Löbbert 2024, S. 83). Diese Umstände lassen sich auch für den Ort Bücken nachweisen, dessen Kirchengründung um das Jahr 882 anzusetzen ist und auf Rimbert, den Erzbischof von Bremen, zurückgeht (Thalmann 2012). Spätestens ab 994 diente der Standort Bücken verschiedenen Bremer Erzbischöfen und ihrem »Kirchenschatz als Zufluchtsort vor Wikingereinfällen« (Thalmann 2012, S. 266). Zu dieser Zeit befuhren Schiffe bereits regelmäßig die Weser. Nachgewiesen ist, dass es vor etwa tausend Jahren »eine Anlegestelle und eine Art Linienverkehr zwischen Bremen und Bücken auf der Weser« gab (Hamann 1982, S. 97).

Aber welche Kriterien wurden vor etwa 1.200 Jahren bei der (finalen) Entscheidung für einen Siedlungsstandort zugrunde gelegt? Hier kann die sogenannte Ökotopengrenzlage weiterhelfen, denn sie bezeichnet die optimale Lage eines Standorts zur Erreichung mehrerer Ökotope (Haversath 1984). Die Landschaftsökologie versteht unter einem Ökotop die räumliche Ausdehnung und die unbelebten Bestandteile eines Ökosystems (Lebensraum mit Lebewesen), in dem sich ein bestimmtes Zusammenwirken von Umweltfaktoren abspielt (Leser/Löffler 2017). Jedes Ökotop weist

Abbildung 17: Das Dorf Altenbücken liegt nah an der Weseraue, aber doch hochwassergeschützt. Die in der Bildmitte von links nach rechts weserparallel verlaufende Deichkrone (Baujahr ab 1970) ist nur wenig höher als die Fundamente der dahinterliegenden Häuser im Ort. Einige Gebäude wurden auf Anschüttungen errichtet und damit extra vor Hochwasser geschützt, andere liegen auch ohne Aufschüttung höher als die Deichkrone. Dem Dezembehochwasser 2023 hielt der Deich stand.

für sich typische abiotische und biotische Faktoren (Gestein, Bodendecke, Pflanzendecke, Tiergemeinschaft) auf. Mit der Ökotopengrenzlage ist die Standortwahl vieler Siedlungen am Rand der Weseraue nachzuvollziehen, denn sie verdeutlicht die Platzierung der Siedlungen am »idealen Standort zwischen feuchten und trockenen Arealen, zeigt die Bindung menschlicher Wirtschaft an das natürliche Potential« (Haversath 1997, S. 81).

Der beste Standort für ein neues Dorf

Die Verfügbarkeit von fließendem Wasser, die Erreichbarkeit meist hochwasserfreier Felder, nahe gelegener Wälder mit Bau- und Brennholz in Kombination mit hochwassersicherer Siedlungslage ergaben den Siedlungsplatz. Wenn die regelmäßig überschwemmten Auenbereiche als dauergedüngte Weideflächen und weiterer Standortfaktor (und Ökotop) berücksichtigt werden, so musste mit der Siedlung so dicht an die Aue gegangen werden, dass der Hochwasserschutz (gerade) noch gegeben war. Können diese Annahmen aber auch zu der Vermutung über die Besiedlungsreihenfolge zwischen Altenbücken und Bücken beitragen?

Die historischen Quellen geben Hinweise darauf, dass nach der Gründung der Kirche auch der Name »Bokko« (aus »Bokkenhusen«) von dem älteren Altenbücken auf den neueren Ort Bücken übertragen wurde (Thalmann 2012). Der bereits 860 urkundlich erwähnte Siedlungsname »Bokkenhusen« des heutigen Altenbücken hatte sein Grundwort von einer Person oder Familie »Bokko«, die »bei den Häusern« (-husen) wohnte.

Mit der Ökotopengrenzlage lässt sich erklären, dass zuerst der näher an der Weser und den besten Weideflächen gelegene Ort Altenbücken bestanden hat. Wahrscheinlich stellte sich bereits nach wenigen Jahren die Frage, in welche Richtung der junge Ort wachsen sollte. Da es in Richtung Weser wegen der Hochwassergefahr nicht möglich war, Frischwasser aber für eine feste Siedlung von existenzieller Bedeutung ist, stieg die Bedeutung des Bückener Mühlenbachs. Mit Blick auf die Verfügbarkeit von mächtigen Eichenhochstämmen als Bauholz für Kirche und Dorf, den Frischwasser liefernden Bach und den gleichzeitigen Zugang zu den südlich angrenzenden guten Braunerde-Ackerflächen waren wichtige Stand-

Abbildung 18: Auch Eschen eignen sich gut zur Niederwaldwirtschaft, wie diese kleine Allee aus »Kopfbäumen« bei Stendern zeigt (P9). Wenige Tage nach Aufnahme des Fotos wurden die Eschen im Rahmen von Pflegemaßnahmen wieder zurückgeschnitten.

ortvoraussetzungen für eine ortsfeste, wachsende Siedlung gegeben. Das sich im 9. Jahrhundert immer mehr dem mittelalterlichen Optimum annähernde Klima hat die Entscheidungen sicherlich mitbeeinflusst, sodass die Kirche etwa 100 Meter südlich vom damaligen Bachlauf errichtet

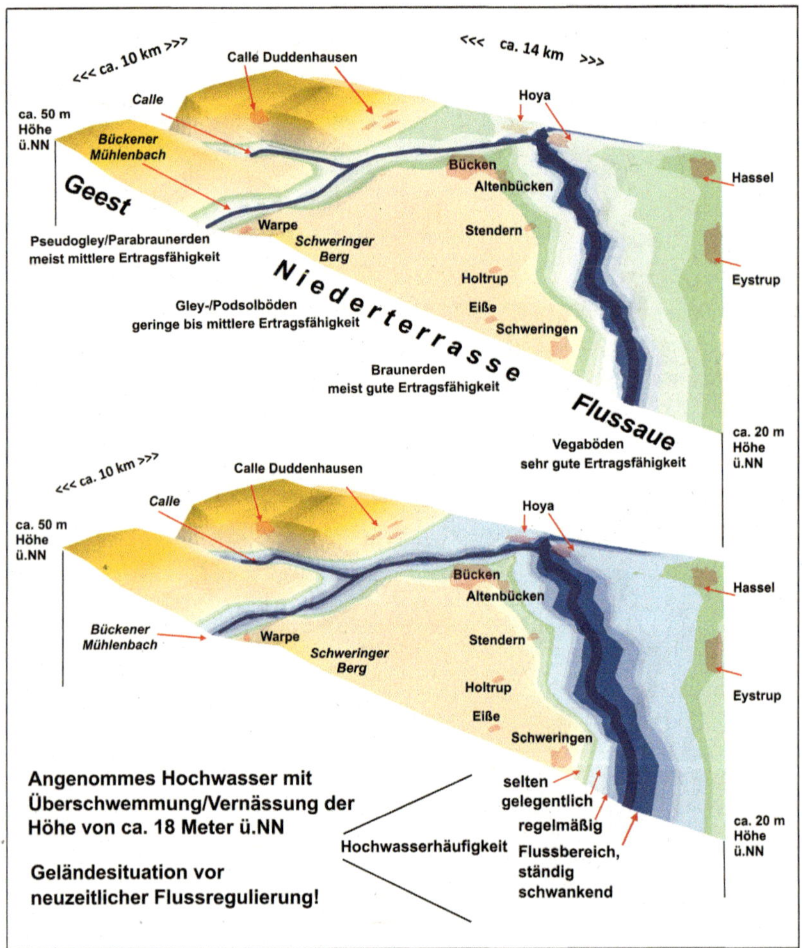

Abbildung 19: Geländehöhenmodell der Mittelweser zwischen Nienburg und Verden zur Darstellung der Lagebeziehung von Naturräumen, Siedlungslagen und der Hochwassergefahr. Daten: Geländehöhen nach TK25, ca. 250 m Raster der Höhenpunkte, eigene Berechnungen, Böden nach BK50 2017, Naturraum nach Meisel 1959, überhöhte Darstellung der Geest.

wurde. Damit war auch dem Wunsch der kirchlichen Führung entsprochen, für die Schutzfunktion möglichst weit an die Außengrenzen des Bremer Bistums zu gehen und den Ort zugleich möglichst schnell über die Weser erreichen zu können. Wie wir heute wissen, reichten die Wikingerüberfälle nicht mehr bis in diese Region (Eisenberg 2024).

Dadurch, dass von nun an weder die Siedlungen noch die Ackerfluren verlagert wurden, änderten sich die Voraussetzungen für die Landschaftsentwicklung deutlich. So wurde Brennholz nun nicht mehr nur wenige Jahrzehnte lang den Waldparzellen entnommen, sondern permanent an den gleichen Stellen. Immer wieder dann, wenn die Gehölze so weit in die Höhe gewachsen waren, dass sich der nächste Einschlag lohnte, wurde Brennholz geschlagen. Diese als »Niederwaldwirtschaft« bezeichnete Nutzung führte dazu, dass sich Hainbuche und Eiche im Wesertal noch stärker ausbreiteten, da diese Baumarten das regelmäßige Abholzen im Gegensatz zur Buche besser vertragen konnten. Diese Form der Waldnutzung werden wir bei der Landschaftszeitreise nochmals antreffen.

Abbildung 20: Blick aus Norden in Richtung Süden zum kleinen Ort Stendern (obere Mitte links zwischen Bäumen gelegen). Der asphaltierte Wirtschaftsweg (Weserfernradweg) links der Bildmitte markiert etwa den Grenzverlauf zwischen der Weseraue (linkes Drittel) und der Niederterrasse. Die Felder sind heute die »Kornkammer« der Region und hießen früher »Plaggenesch«. Damals wie heute sind sie gut für Getreideanbau geeignet und waren schon vor Jahrtausenden als überschwemmungsfreier Siedlungsstandort in Gewässernähe sehr gefragt.

Die Landwirtschaft wurde ab dem achten Jahrhundert außerdem von einer technischen und einer organisatorischen Innovation gekennzeichnet. Der bereits erfundene Pflug mit Eisenschar zur besseren Bearbeitung schwerer Böden erlangte im Mittelalter als zentrales Werkzeug in der Landwirtschaft seinen endgültigen Durchbruch.

Die organisatorische Innovation bestand in der Dreifelderwirtschaft, die sich nördlich der Lössgrenze nur teilweise durchsetzen konnte. Dies ist hervorzuheben, denn in »manchen historischen Publikationen wird die Dreifelderwirtschaft fälschlich auch für Nordwestdeutschland« (Behre 2008, S. 175) als flächendeckend angegeben. Tatsächlich kam es im gewählten Mittelwesertalausschnitt mit der Einführung des Winterroggens als dominierender Kulturpflanze in Teilbereichen zur Errichtung des Einfeldsystems. Dabei wurde mehrere Jahre in Folge auf der gleichen Fläche fast ausschließlich Winterroggen angebaut, deshalb sprach man auch vom »ewigen Roggenbau«. Während nordwestlich der Linie Osnabrück–Bremen bis zu 20 Jahre hintereinander auf der gleichen Fläche Roggen angebaut wurde, erfolgte in der Mittelweserregion bereits nach zwei bis drei Jahren ein Fruchtwechsel oder auch ein Brachejahr (Müller-Wille 1938, umgez. Karte bei Behre 2008, S. 176).

Das alte Lagerbuch von 1582 bestätigt die hohe Bedeutung des Roggens für die damalige Ernährung. Eingesät wurde er auf den alten siedlungsnahen Äckern (Esch) zwischen Bücken und Schweringen im Oktober, im August des Folgejahres wurde geerntet. Das besonders lange Stroh des Roggens wurde gern für Dächer und andere Zwecke genutzt. Weil bis zur nächsten Aussaat nur zwei Monate vergingen, konnten sich die Anbauflächen vom Nährstoffentzug nicht erholen. Für einen fortdauernden Ackerbau musste folglich gedüngt werden.

Vom Wald zur Heide

Da der Stallmist für die Düngung bei Weitem nicht ausreichte, stach man sogenannte Plaggen, die im Wesentlichen aus dem Rohhumus der Bodenoberfläche und meist einiger tiefer gelegenen Sandanteile bestanden. Zunächst wurden die Plaggen vor allem in den Wäldern gestochen, daneben in Wiesen und Mooren. »Die Wälder gingen jedoch schnell zurück und durch die Plaggengewinnung degradierten deren Böden rasch und es entstanden Heideflächen, in denen fortan die Plaggen gestochen wurden« (Behre 2008, S. 177). Sie wurden anschließend in Tiefställe in den Häusern oder in abgetrennte Schafställe gebracht, wo sie als Streu dienten und sich mit Viehdung vermengten, was zur Aufnahme weiterer Nährstoffe führte. Zusätzlich wurden die Plaggen noch im Hofbereich kompostiert und erst dann auf den Acker gebracht.

Durch die jahrhundertelange stetige Zufuhr von Plaggen mitsamt dem anhaftenden Sand erhöhten sich die Eschflächen, die Art der aufgetragenen Böden nennt man »Plaggenesch« (Behre 2008). Sie finden sich bis heute vor allem auf der Hoyaer Lehmplatte zwischen Hoya, Bücken und Schweringen (Abbildung 8, S. 36) in Form einer etwa 50 cm dicken Auflage (BK50 2017), die Bezeichnung »Bücker Esch« für die Altackerflächen findet sich in der Karte von 1771. Die Plaggen wurden auf den weniger geeigneten Böden südwestlich Bückens abgestochen.

Bei allen Einschränkungen boten die erwirtschafteten Agrarprodukte aber eine gute Grundlage für die weitergehende mittelalterliche Wirtschaftsentwicklung mit einem entsprechenden Bevölkerungswachstum (Kausch 2003) sowie der Gründung des Grafensitzes Hoya um 1200 (Meyer H. 2003) und des Dorfes Hoyerhagen wahrscheinlich nach 1250 (Jorzick 1952). In der Region kam es in der Zeit des Hochmittelalters zu weiteren Erschließungen des Raumes, wobei die Quellenlage allerdings keine genaueren Aussagen über den räumlichen Umfang zulässt. Es kann aber davon ausgegangen werden, dass das Privileg, Markt abhalten zu dürfen, dazu beitrug, die von den Grafen mit Fleckensrechten bedachten Siedlungen Bücken und Hoya in ihrer Entwicklung von den Dörfern der Umgebung wirtschaftlich abzuheben (Hornecker 2023).

Trotz der beschriebenen Innovationen, die sich sehr bewährten, besaß die mittelalterliche Landwirtschaft erhebliche Defizite, was sich im Laufe der Jahrhunderte auf die Landschaftsentwicklung deutlich auswirkte. Ein Kernproblem stellte dabei die Auszehrung der Böden dar, was die Notwendigkeit nach sich zog, die Ackerflächen mit Nährstoffen zu versorgen. Zunächst wurde, wie beschrieben, eine gewisse Düngung durch die Plaggenwirtschaft erreicht. Außerdem weideten die Nutztiere tagsüber in Wäldern und wurden nachts auf Brachflächen gepfercht, was dort für Nährstoffeintrag sorgte. Ergänzend dazu wurde Waldstreu zusammengerecht und auf die Felder gebracht – allerdings sehr zum Schaden des Waldes.

Während der Acker vorwiegend der Ernährung des Menschen diente, war die sogenannte Allmende die Hauptfutterfläche für das Vieh. Sie war nicht wie die Feldmark an Einzelbesitzer aufgeteilt, sondern diente der Allgemeinheit. Einerseits dienten diese auch als »Gemeinheiten« bezeichneten Flächen als Weiden für Schafe, Rinder, Pferde, Schweine, Gänse und Bienen. Andererseits wurden sie auch für den Holzeinschlag, Torfstich oder für die oben beschriebene Plaggenwirtschaft als Grundlage der Düngerwirtschaft genutzt. »Das System war also von einer Kreislaufwirtschaft der Pflanzennährstoffe weit entfernt, vielmehr gab es jahrhundertelang einen einseitig gerichteten Transport von Kalium, Magnesium und Calcium aus dem Umland auf die dorfnahen Felder. Das System hielt sich also, indem es das Umland ausbeutete« (Hampicke 2018, S. 13).

Die Wechselwirkungen und Nährstoffkreisläufe zwischen Ackerflächen, Wäldern, Heide und Grünland beschreiben Norbert Fischer et al. (zuletzt 2014) ausführlich. Sie weisen auf die Bedeutung der unterschiedlichen Nutzer der Allmende hin, wobei jeder auf die Tätigkeit anderer Nutzer angewiesen war. Eine Bienenweide in der Heide war nur dann erfolgreich, wenn die Heideflächen regelmäßig abgebrannt (durch Schäfer*innen) oder durch Plaggenhieb verjüngt wurden (durch Bauern/Bäuerinnen) und wenn zur Zeit der Heideblüte Tiere durch die Heide getrieben wurden. »Doch als Folge der verschiedenen Nutzungen, von denen keine von Akteuren ausging, die für das gesamte System letztlich verantwortlich waren, schritt die Übernutzung der Heide immer weiter voran« (Fischer et al. 2014, S. 85). »Nie dürften Landschaften so ›ausgepowert‹, d. h. so abgefressen, verbissen, verschnitten und ihrer Humusschicht entblößt worden sein, wie die Gemeinen Marken in den letzten Jahrhunderten ihrer Entwicklung, insbesondere im 18. Jahrhundert« (Büssis 2006, S. 32).

Kleine Eiszeit, Missernten und Kriege

Die Art der Landnutzung war infolge der ortsfesten Siedlungen durch ein ständiges Ringen um Nährstoffe gekennzeichnet. Hinzu kamen Kriege,

Krankheiten und Wetterextreme, die zu Schwankungen der Bevölkerungszahl führten. Hierdurch kam es phasenweise zur Ausdehnung oder zum Rückgang der Wald-, Heide- und Ackerflächen. In welchem Umfang, lässt sich nicht mehr genau nachweisen, die Landschaftszeitreise liefert hier also nur unscharfe Bilder. Tatsache ist aber, dass die Wetterextreme der Kleinen Eiszeit vom 14. bis ins 18. Jahrhundert die Region genauso trafen wie die mittelalterlichen Pestepedemien. Gerade die Weser wird wie andere Flüsse auch häufiger über die Ufer getreten sein als in den Jahrhunderten davor. Und wenn für Köln am 30. Juni 1318 sogar Schneefall beschrieben ist und das Jahr 1315 in ganz Mitteleuropa auch im Sommer »durch anhaltende Regenfälle gekennzeichnet« (Behringer 2010, S. 143) war, muss davon ausgegangen werden, dass dies auch landschaftsverändernde Folgen in der Mittelweserregion hatte.

Es scheint zwar insgesamt so, dass der Dreißigjährige Krieg (1618–1648) im Gebiet westlich der Weser im Vergleich zu anderen Regionen Deutschlands relativ schwache Auswirkungen hatte, weil die Bevölkerungsverluste geringer als 10 Prozent waren (Poschlod 2017, Karte S. 101, Engehausen et al. 2022, Karte S. 119). Da aber in einer Steuerliste von 1641 immerhin 85 unbewohnte oder verfallene und abgebrannte Stätten im Ort Bücken aufgeführt werden und nur 62 Anwesen erhalten waren (Truderung 1982, S. 44), muss angenommen werden, dass damit – zumindest zeitweise – geringere landwirtschaftliche Aktivitäten verbunden gewesen sein dürften. Gut hundert Jahre später wurden in Bücken wieder rund 150 Bürgerhäuser gezählt.

In der Zeit vom neunten bis zum Ende des 17. Jahrhunderts hatte die beschriebene Siedlungs- und Wirtschaftsweise die Landschaft im Wesertal erheblich verändert. Die Reise durch diesen Abschnitt zeigte, dass es mit den ortsfesten Siedlungen zunächst für rund 500 Jahre zu einer Phase des Bevölkerungswachstums kam, was sich dann ab dem 14. Jahrhundert wieder änderte. Kriege, Krankheiten und vor allem witterungsbedingte Missernten im Zuge der Kleinen Eiszeit sorgten auch im Wesertal bis ins 17. Jahrhundert für erhöhten Nutzungsdruck auf die natürlichen Ressourcen. Von da an »presste« man nur noch mit »verzweifelten« Maßnahmen (nicht immer) genug Nahrung für die Bevölkerung aus den Böden.

Abbildung 21: Diese Eiche beim Dorf Duddenhausen (P24) hat mehr als drei Meter Stammumfang und ist heute als Naturdenkmal im Landkreis Nienburg/Weser registriert. Als die Wälder nach dem Mittelalter völlig übernutzt waren, wurden hofnah gepflanzte Eichen als wertvolle Lieferanten für lange Holzbalken und Eicheln zur Schweinemast dringend benötigt. Dieser »Zeitzeuge« stammt wohl aus dem 18. Jahrhundert. Eichen ähnlichen Alters sind noch in vielen Dörfern der Region rund um die Bauernhöfe zu finden.

Nach dem Mittelalter sollten wieder grundlegende Veränderungen für die Menschen und die Landschaft folgen und diese krisenhafte Situation beenden. Allerdings dauerte es noch einige Menschengenerationen, bis es zu völlig anderen Lebens- und Wirtschaftsweisen kam. Schauen wir uns während der folgenden Weiterreise die Neuerungen und ihre Wirkungen auf die Landschaft an.

Innovationen durch Aufklärung und Wissenschaft

Nach dem Mittelalter brachte der Beginn der frühen Neuzeit zwischen dem 15. und 16. Jahrhundert bedeutsame Entdeckungen und Erfindungen wie den Buchdruck, Entdeckungsfahrten, den Frühkapitalismus, die Reformation und ein aufkommendes frühmodernes Staatswesen. Außerdem setzte mit der Aufklärung um 1700 ein grundlegender Wandel im Welt- und Menschenbild ein, was sich zum Beispiel in mehr persönlicher Handlungsfreiheit, Bildung, Bürgerrechten und allgemeinen Menschenrechten äußerte (Schulze 2010). Eng verbunden mit dem Denken der Aufklärung war der Aufschwung der Naturwissenschaften ab dem späten 16. Jahrhundert. Die vielen Veränderungen in der Wissenschaft bezeichnen die Historiker Winfried Schulze (2010) als »Motor der Neuzeit« und Yuval Noah Harari (2013) als »wissenschaftliche Revolution«, da mit ihnen die Grundlagen der klassischen Wissenschaft und ihrer Theorien gelegt wurden, die als Ursprung für die moderne Wissenschaft gelten und die Welt seitdem umfassend veränderten. Es sollte aber noch etwas dauern, bis neue Erfindungen zu deutlichen Auswirkungen an der Mittelweser führen würden. Das alltägliche Leben im deutschsprachigen Europa war im 17. und 18. Jahrhundert noch »eine Welt des frühen Todes, bevölkert von Witwen und Waisen. Die Hälfte aller Kinder starb vor dem zehnten Lebensjahr, und nur jeder Zehnte erreichte das sechzigste Lebensjahr. Immer wieder kam es zu Epidemien und Missernten« (Blackbourn 2008, S. 33).

Setzen wir die Reise also nach dem Dreißigjährigen Krieg fort. In der zweiten Hälfte des 17. Jahrhunderts kam es nach den großen Kriegsverwüstungen allmählich wieder zu Bevölkerungswachstum und damit zu einem erhöhten Bedarf an Weiden und Ackerland. Hieraus gingen in Deutschland zögerlich erste Maßnahmen zur Urbarmachung von Brachland und die Entwässerung von Feuchtgebieten hervor. So erfolgte die Trockenlegung und Besiedlung des Niederoderbruchs von 1746 bis 1753 oder die 1849 einsetzende Planung der Kolonisierung des kurhannoverschen Teufelsmoores zehn Kilometer nördlich Bremens (Bork 2020). In dieser Zeit war der ländliche Siedlungsraum in weiten Teilen Deutschlands immer noch wie in den Jahrhunderten des Mittelalters in drei Landschafts- und Wirtschaftselemente aufgeteilt. Im Kern das Dorf mit seinen Gebäuden, Gärten und Wegen (Siedlungsfläche), daran sich oft ringartig anschließend die Feldmark und als Außenzone die Gemeinheit.

Am wichtigsten für die dörfliche Wirtschaft waren wie auch schon im Mittelalter die Äcker, die die Grundlage der bäuerlichen Siedlung darstellten, um Brotgetreide vor allem aus Roggen zu erzeugen. Da in den meisten Teilräumen der Region die Hofflächen geschlossen weitergegeben wurden, müssen hier andere Ursachen dazu geführt haben, dass die Felder im 18. Jahrhundert in eine Unmenge von Besitzparzellen zersplittert waren und keine ertragsorientierte Wirtschaft zuließen. So bestanden im Raum Schweringen die landwirtschaftlichen Nutzflächen einiger Höfe aus über 50 Äckern (Ehlich 1987). Selbst dort, wo die Parzellen etwas größer waren, verhinderte der sogenannte Flurzwang eine effizientere Bewirtschaftung. Er bedeutete, dass in einer Flur in vorgegebener Abfolge bestimmte Feldfrüchte anzubauen waren. Auf diese Beobachtungen und die Frage der Flurzersplitterung wird noch mal genauer geschaut, wenn wir mit geringerer Flughöhe über den Auenwald am Fluss fliegen.

Ständiges Ringen um Ressourcen

Hervorzuheben ist, dass die auf den Gemeinheiten stehenden Wälder durch den Viehverbiss und den Nutz- und Brennholzeinschlag sowie die Plaggenwirtschaft seit Jahrhunderten intensiv genutzt wurden, sodass sie kaum noch Bauholz liefern konnten. Aus diesem Grund hatten viele Bauernfamilien ab Mitte des 17. Jahrhunderts Eichen auf den Hofplätzen gepflanzt, um jederzeit Bauholz und im Herbst Eicheln als Schweinefutter verfügbar zu haben (Seedorf/Meyer 1996). Solche hofnahen Eichenanpflanzungen finden sich zum Beispiel im Zentrum Holtrups, in Stendern oder auch an den verstreut liegenden Höfen Duddenhausens (Abbildung 21, S. 74).

Heute würde man den Zustand der damaligen Wälder als übernutzt bezeichnen, was schließlich auch zu grundlegenden Reformen in der Forstwirtschaft führte bzw. zwang. Zu den ökologischen Problemen der Überweidung kamen soziale Spannungen in den Dörfern, die durch das Vieh verursacht wurden. So ist aus dem Ort Warpe bekannt, dass »fast ein ewiger Streit im Dorfleben um das Weiden von Vieh auf fremden Land« herrschte (Dorfchronik Warpe 1991, S. 166). Auch die Bückener Ortschronik berichtet über die verschiedensten bäuerlichen Grenzverletzungen zwischen Ackerflächen, die gleich nach den Grenzbegehungen durch den Bürgermeister, den Rat und die gesamte Bürgerschaft zu Bestrafungen führten. Gleiches galt für unerlaubtes Abstechen von Plaggen, Abholzen von Bäumen und Sträuchern oder Verändern von Gräben (Truderung 1982).

Diese Beobachtungen belegen, dass die natürlichen Ressourcen auch im Mittelwesertal knapp und umkämpft waren. Hierzu trugen auch das anhaltende Bevölkerungswachstum im 18. Jahrhundert und die Einquartierung ehemaliger Soldaten nach dem Ende des Siebenjährigen Krieges (1756–1763) bei. In dessen Folge stieg im damaligen Amt Hoya vor allem der Nutzungsdruck auf die gemeinschaftliche Allmende erheblich an, und es kam zu einer weiteren sozialen Differenzierung, oft Verarmung der Bevölkerung, was ebenfalls zu vermehrten Spannungen in der Region führte (Cordes 1981).

Das erste genaue Landschaftsbild

Mit der Bevölkerungszunahme dehnte sich die Feldmark häufig in Richtung auf die weiter außen liegende Allmende aus. Für die Zeit kurz nach dem Siebenjährigen Krieg liegt mit der Kurhannoverschen Landesaufnahme aus dem Jahr 1771 eine erste umfassende Kartierung des Gebietes vor und ermöglicht einen genaueren Blick in die Kulturlandschaft zur Mitte des 18. Jahrhunderts. Karte 6 zeigt die konkreten Auswirkungen der beschriebenen Siedlungs- und Wirtschaftsweise der vorherigen Jahrhunderte auf die Landschaft.

Der Vergleich mit Karte 7 macht deutlich, dass die Agrarreformen des 19. Jahrhunderts großflächig auf die Landschaft wirkten. So wurden Heideflächen zu Wald oder Grünland und in der Weseraue Ackerflächen zu Grünland umgewandelt. Was hatte diesen Landschaftswandel ausgelöst?

Die erschöpften natürlichen Ressourcen und geringen Verdienstmöglichkeiten außerhalb der Landwirtschaft zwangen 1767 über 3.000 Menschen aus der Region Hoya-Diepholz als saisonale Arbeitskräfte, sogenannte Hollandgänger, in den heutigen Niederlanden Einkünfte zu erzielen (Oberschelp 1982). Die sozialen und wirtschaftlichen Probleme verschärften sich durch zunehmende Spannungen zwischen den bessergestellten Bauernfamilien und den »unterbäuerlichen Klassen« ohne

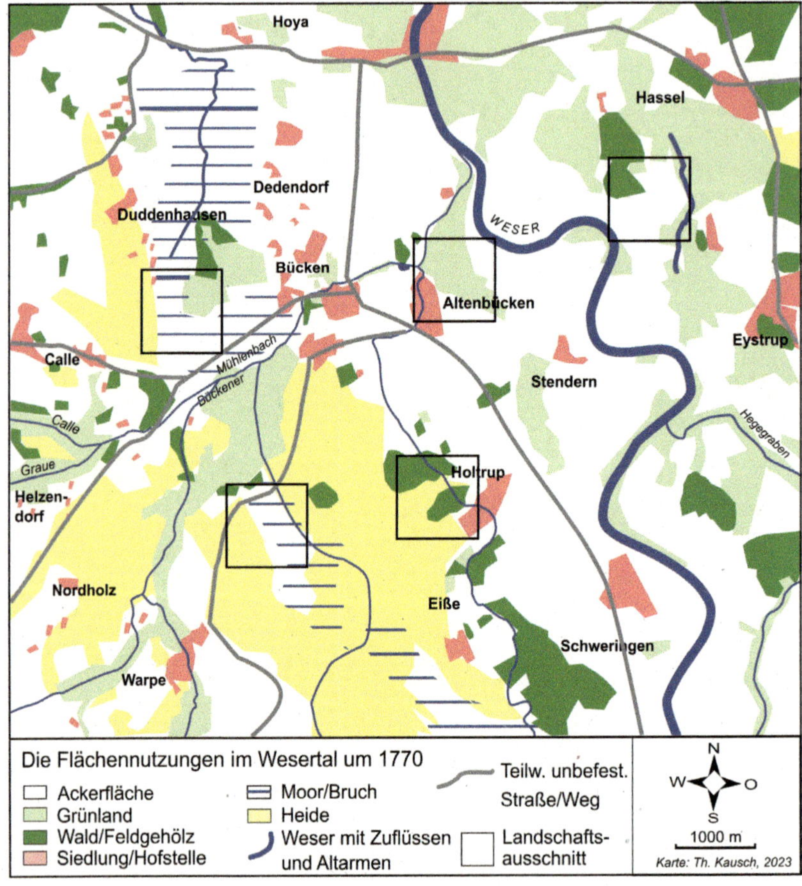

Karte 6: Die Flächennutzung im Mittelwesertal um 1770. Daten: Digitalisierung der Nutzflächen nach KHL 1770.

Land- und Hausbesitz. Letztere lebten in »Armut und latenter oder gar akuter Not. Selbst die bäuerliche Bevölkerung dürfte kaum Reichtümer angesammelt haben, dazu waren die Besitzgrößen zu gering« (Schneider 2014, S. 16).

Nicht zuletzt lähmte seit Jahrhunderten auch die sogenannte herrschaftliche Abhängigkeit der Bauernfamilien die wirtschaftliche und gesellschaftliche Entwicklung. Sie waren nicht Eigentümer, sondern sie hatten lediglich ein Nutzungsrecht am Hof und dem dazugehörigen Land, wofür sie an den Eigentümer – Landesherr, Adel und Kirche – Abgaben

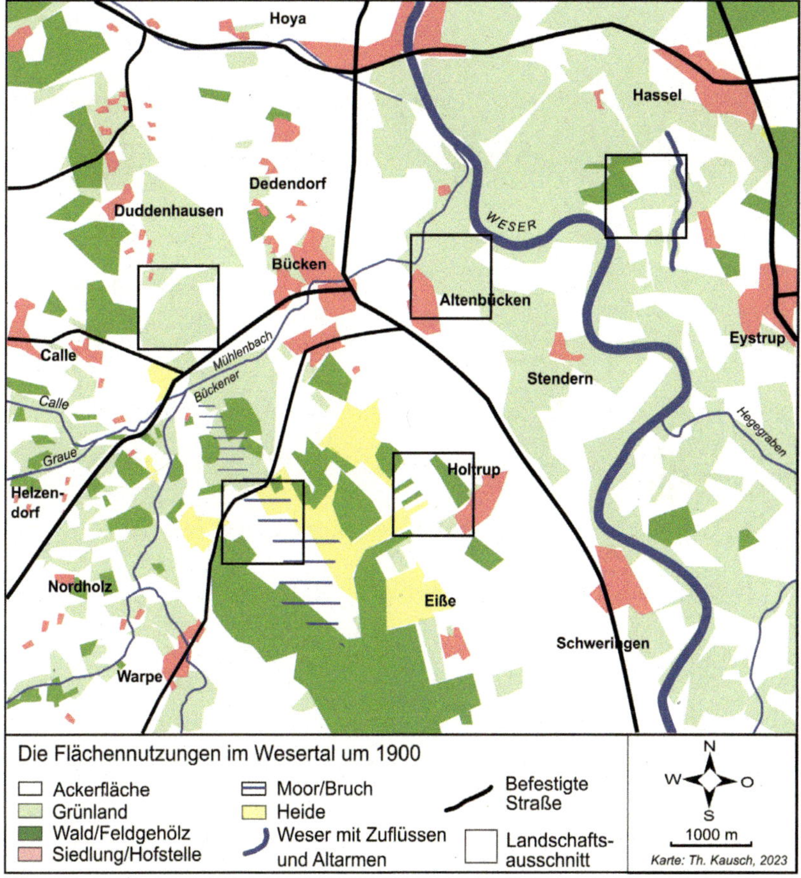

Karte 7: Die Flächennutzung im Mittelwesertal um 1900. Daten: Digitalisierung der Nutzflächen nach PL 1898.

und Dienste entrichten mussten. Verschiedene Besitz-, Rechts- und Herrschaftsformen überlagerten sich oft auf engstem Raum, sodass eine Familie häufig das Land verschiedener Herren bewirtschaftete. Seit dem 14. Jahrhundert wurden sie zusätzlich durch die Umlage weiterer Steuern zur Finanzierung der entstehenden Territorialherrschaften belastet (Hauptmeyer 2004/Schneider 2014).

Die Gedanken der Aufklärung mit der Offenheit für Neues und dem Willen zum technischen Fortschritt fielen sozusagen auf fruchtbaren Boden und leiteten intensive Veränderungen in der Kulturlandschaft ein. In der ersten Hälfte des 19. Jahrhunderts erfolgten die Agrarreformen, deren Folgen auch in der Modellregion zu sehen sind. »Selten haben staatliche Maßnahmen so entscheidend und umwälzend in die Leistungskraft und die Struktur der Landwirtschaft eingegriffen« (Seedorf/Meyer 1996, S. 50).

Abbildung 22: Als im 18. Jahrhundert die Heideflächen ihre höchste Ausdehnung hatten, sah es wahrscheinlich an einigen Stellen in der Region so ähnlich aus wie heute in der Lüneburger Heide bei Schneverdingen. Birken, Eichen und Kiefern führen dort trotz regelmäßiger Beweidung stellenweise zur Wiederbewaldung des ehemaligen Truppenübungsplatzes. In der Warper Heide finden sich an einigen Stellen noch kleine Bestände von Heidekraut, Wildheidelbeere, Segge oder Ginster. Verbreitet bildeten sich damals auch vegetationsfreie Sandanwehungen.

Die Bauernfamilien wurden aus vielfältiger herrschaftlicher Abhängigkeit frei, grundherrliche Lasten wurden abgelöst, und es gab die Möglichkeit, alle Eigentums- und Verfügungsrechte an Hof und Land zu erwerben. Die bisher genossenschaftlich genutzten Flächen der Allmende wurden an Einzelbesitzer in einer sogenannten Gemeinheitsteilung vergeben.

Die gesetzlichen Grundlagen für die Aufteilung der Gemeinheiten und die Zusammenlegung der Felder schufen die Gemeinheits- und Verkoppelungsverordnungen in den jeweiligen administrativen Gebietseinheiten, für das Gebiet der Grafschaft Hoya im Jahr 1824 sowie 1831 und 1833. Die Teilung bis dahin gemeinschaftlich genutzter Flächen erfolgte im Raum Bücken nach Angaben der Ortschronik (Voige/Schmidt 1982) in den Jahren 1844 und 1847. Die hohe landschaftsprägende Bedeutung der Agrarreformen im 19. Jahrhundert besteht im Ergebnis vor allem darin, dass neben den zusammengelegten Nutzungsparzellen in der Feldmark auch weitgehend das gegenwärtige Wege- und Entwässerungssystem erstellt und damit der Rahmen gegeben wurde »für das bis heute gültige Kulturlandschaftsmosaik« (Seedorf/Meyer 1996, S. 137).

Der Vergleich von Karte 6 und 7 gibt einen ersten Überblick dieses enormen Wandels im Wesertal. Da aber viele Details maßstabsbedingt nicht sichtbar werden, wird erst der Blick aus »geringerer Flughöhe« auf die fünf Landschaftsausschnitte Einzelheiten zeigen und die Dynamik der Entwicklung verdeutlichen.

Neue Technologien und Agrarreformen

Im heute noch ländlich geprägten Mittelwesertal gibt es außerhalb der Wohn-, Gewerbe- und Industriegebiete auch eine oft weniger beachtete Seite der Industrialisierung, die in der Region sehr ausgeprägt zum Tragen gekommen sein muss. Denn Wissenschaft und Industrie stellten auch der Landwirtschaft völlig neue »Werkzeuge« bereit, »die fast alles frühere Unvermögen bei der Beherrschung der Landnutzung und alle früheren Grenzen, die die Natur setzte, weit aufgeschoben oder ganz beseitigt haben« (Hampicke 2018, S. 20).

Stellvertretend sei hier auf das sogenannte Haber-Bosch-Verfahren hingewiesen, das nach einer längeren Entwicklungsphase ab den 1920er-

Jahren die Grundlagen der Produktion von synthetischem Stickstoffdünger bereitstellte und damit eine wesentliche Voraussetzung dafür schuf, auch nährstoffärmere Böden zu ertragreichen Agrarstandorten zu machen (Bork 2020). Damit verlor auch der über Jahrhunderte für die Landwirtschaft so wichtige Weserschlick seine Bedeutung als Dünger. Dies äußerte sich unter anderem dadurch, dass der südlich von Hoya von der Weser in westliche Richtung abzweigende Kanal (P17) nicht mehr zur Bewässerung eines 5.000 ha großen Gebietes benötigt wurde und seitdem nur noch zur Entwässerung eingesetzt wird (Flohn 1967).

Der Vergleich der Karten 6 und 7 macht nun auch die Auswahl der fünf Landschaftsausschnitte als »Reiseziele« für eine genauere Betrachtung nachvollziehbar. Sie wurden deshalb so gewählt, um zu erfahren, warum es nur noch wenig Auenwald unmittelbar an der Weser gab und warum sich in der Flussaue die Grünlandbereiche im 19. Jahrhundert zuungunsten der Ackerflächen ausbreiteten. Außerdem soll mit den Ausschnitten beantwortet werden, warum die Heideflächen zugunsten von Wald und Ackerflächen zurückgingen und warum einige vormals vernässte Flächen am Ende des 19. Jahrhunderts nun trocken waren.

Nicht zuletzt werden damit unterschiedliche Landschaften wie Flussaue, Heide- und Waldlandschaft sowie Moor und Bruch/Ödland abgedeckt. Damit werden bewusst lokale Alternativen für die von Blackbourn (2008) vorgestellten großen Landschaften Deutschlands ausgewählt: den Rhein, das Oderbruch oder die Kolonisierung der Moore Norddeutschlands. Die Methode des »Kartenübereinanderlegens« verschieden alter Karten lässt uns räumlich konkret nachvollziehen, was in und mit der Landschaft passiert ist. Damit lässt sich auch erahnen, welche großen Veränderungen in den von Blackbourn behandelten Landschaften Deutschlands stattgefunden haben müssen. Und nicht zuletzt sollten Sie als Leserin und Leser auf diese Weise dazu ermutigt werden, in der eigenen Heimatregion auf Entdeckungsreise zu gehen.

Zweite Zeitreise: Die Landschaften der letzten 250 Jahre

Auf der bisherigen Zeitreise haben wir in groben Zügen die Landschaftsentwicklung der vergangenen 12.000 Jahren kennengelernt. Viele der landschaftsprägenden Prozesse fanden in ähnlicher Form sogar in ganz Mitteleuropa statt und sind deshalb mit regionalen Einschränkungen durchaus übertragbar. Jetzt wollen wir uns den Raum etwas genauer anschauen und die Zeitreise aus der Gegenwart antreten. Hierfür werden exemplarisch fünf 100-Hektar-Ausschnitte der Region aus der gegenwärtigen Landschaft, zurückgehend bis ins 18. Jahrhundert, betrachtet. Wie angekündigt, wird nun die »Flughöhe« für die Zeitreise verringert, damit wesentlich mehr Landschaftsdetails, sogenannte Landschaftselemente, erkannt werden können.

Dass diesmal die Zeitreise aus der Gegenwart kommend in die Vergangenheit zurückgehend erfolgt, nimmt auf die Situation Bezug, wonach eine Person den Raum aus heutiger Sicht beobachtet und versucht, gedanklich in die jüngere Vergangenheit zurückzugehen, um zu verstehen, warum die Landschaft heute so aussieht, wie sie aussieht. Diese von der Gegenwart in die Vergangenheit zurückschreitende Betrachtung greift konzeptionell auf Helmut Jägers (1953) »retrogressiven Forschungsansatz« zurück. Schritt für Schritt wird in die Vergangenheit zurückgegangen, um in verschiedenen Zeitabschnitten die kulturlandschaftlichen Verhältnisse aufzuzeigen und zu detaillierten Rekonstruktionen historischer Landschaftszustände zu gelangen. Die vom Menschen geschaffenen Kulturlandschaften »erschließen sich unserem Verständnis nur bei einer entwicklungsgeschichtlichen Betrachtungsweise« (Jäger 1953, S. 3). Dieses Vorgehen nutzen wir oft intuitiv, wenn wir wandernd oder fahrradfahrend unterwegs sind und verstehen möchten, wie zum Beispiel eine Gegend mit Bergen und Tälern entstanden ist oder warum ein Teil des Waldes anders aussieht als das Waldstück einige Kilometer flussaufwärts.

Während sich die Darstellung der Landschaftsentwicklung vom Ende der Eiszeit bis ins ausgehende Mittelalter aufgrund der eingeschränkten Datenlage vor allem auf Literaturangaben, archäologische Funde sowie historische Aufzeichnungen auch aus benachbarten Regionen stützen bzw. beschränken musste (deshalb die »größere Flughöhe«), können nun die letzten 250 Jahre aufgrund der vorliegenden Kartenwerke detaillierter dargestellt werden, was einer »geringeren Flughöhe« entspricht. Im Mittelpunkt stehen dabei die eingangs erläuterten Kartengrundlagen der aktuellen topographischen Karte 1:25.000 (TK25) der frühen 2020er-Jahre als Ausgangsstation, die Karten aus den Jahren um 1900 als Zwischenstation und die Ausgaben von 1770 als Endstation der Landschaftszeitreisen.

Zwischen diesen Zeitschnitten werden nicht alle Veränderungen angesprochen, da die Karten selbst das detaillierte und umfassende Studium der Entwicklung durch Kartenvergleich erlauben. Außerdem erfolgt am Ende jedes Kapitels eine Bilanzierung der Flächennutzungen in Diagrammform. Für den Gesamtüberblick werden außerdem die vorgestellten Zeitschnittkarten verkleinert auf einer Seite als sogenannte Landschaftswandelkarte abgebildet. Damit können sie besser verglichen und die Veränderungen genau nachvollzogen werden. In der Karte am Buchende sind die Standorte der fünf Landschaftsausschnitte als gelbe Quadrate eingezeichnet. Durch diese Auswahl können wir die Auswirkungen der Agrarreformen des 19. Jahrhunderts, der Industrialisierung und Technisierung sowie der jüngeren Flurbereinigungsmaßnahmen auf die Landschaften raumzeitlich genau bewerten. Auf unserer Zeitreise werden wir erfahren, wie sich diese Prozesse auf die verschiedenen Teilräume ausgewirkt haben und welche Maßnahmen in den historischen Kartenwerken nachweisbar sind und inwiefern sie noch in der heutigen Landschaft erkennbar sind. Da die Veränderungsprozesse in ganz Mitteleuropa stattfanden, können die Auswirkungen wiederum beispielhaft zeigen, wie sie in regional angepasster Form auch in anderen Regionen Deutschlands stattgefunden haben.

Flusslandschaft und Auenwald

Als Erstes schauen wir auf einen 100-Hektar-Landschaftsausschnitt an der Weseraue. Seine Westgrenze wird vom rechten Weserufer markiert, während am gegenüberliegenden Kartenrand Altarme des Flusses auf seinen früheren Verlauf hinweisen. In dem Geländeausschnitt, der die Flächennutzungen des Jahres 2022 zeigt, ist eine hohe Dominanz der Acker-

Abbildung 23: Blick auf den Kartenausschnitt in der östlichen Weseraue. Im Vordergrund die Altarmgewässer »Mahlener See« und »Hasseler Kolk«, rechts mittig vor der Weser liegt das Waldstück »Alhuser Ahe«, ein Restauenwald, der heute ein Naturschutzgebiet ist. Im oberen Drittel hinter der Weser befinden sich die Orte Altenbücken und Bücken. Auf beiden Seiten der Weser dominiert heute die landwirtschaftliche Nutzung das Tal.

flächen gut zu erkennen. Diese landwirtschaftlichen Nutzflächen werden vorwiegend mit Getreide, Zuckerrüben und Kartoffeln bewirtschaftet und sind mit dem nordsüdlich verlaufenden und gut ausgebauten Mastenweg (s. Karte 8) erschlossen.

Die Flurbezeichnungen mit der Endung auf -kamp (Feld) lassen darauf schließen, dass die Weserniederung (»Mahler Marsch«) in diesem Bereich schon seit längerer Zeit ackerbaulich genutzt wird. Die Grünlandflächen werden als Mähwiesen genutzt, Weidetiere konnten hier nicht beobachtet werden. Unmittelbar auf dem Weserdeich befinden sich allerdings zeitweise Pferde (Abbildung 16, S. 61).

Im nordwestlichen Bereich ist der Teil eines geschlossenen Laubwaldes zu erkennen. Diese Gehölzfläche ist insgesamt 23 ha groß und wird als »Alhuser Ahe« bezeichnet, wobei Ahe für Aue steht. Dabei handelt es sich um ein seit 1936 als Naturschutzgebiet ausgewiesenes alt- und totholzsowie struktur- und artenreiches Auwaldrelikt, das trotz fehlender regelmäßiger Überflutung noch viele der typischen Lebensraumstrukturen naturnaher Auwälder aufweist. Kennzeichnend hierfür ist die ursprüngliche Baumartenzusammensetzung, in erster Linie Stieleiche, Hainbuche, Esche, Erle und Ulme. Insbesondere der imposante flächendeckende Blühaspekt des hohlen Lerchensporns im Frühjahr ist nur noch an wenigen Stellen im Landkreis Nienburg zu bewundern (LK NI 2022). Intakte Auenwälder gehören zu den artenreichsten Lebensräumen Mitteleuropas (Reichholf 1988).

Die im rechten Teil der Karte von Süd nach Nord verlaufenden Altarme der Weser sind heute teilweise von Grünland umgeben. Der Kartenausschnitt ist gut in der Luftbildaufnahme auf Seite 85 zu überblicken, die aus etwa 300 Meter Höhe über Eystrup auf das Gelände gerichtet ist.

Bei der Weiterreise in die Landschaft vor über 120 Jahren fällt der höhere Anteil von Grünland auf. Sowohl die Ackerflächen als auch die Wiesen und Weiden waren damals zumeist von Weißdornhecken umgeben,

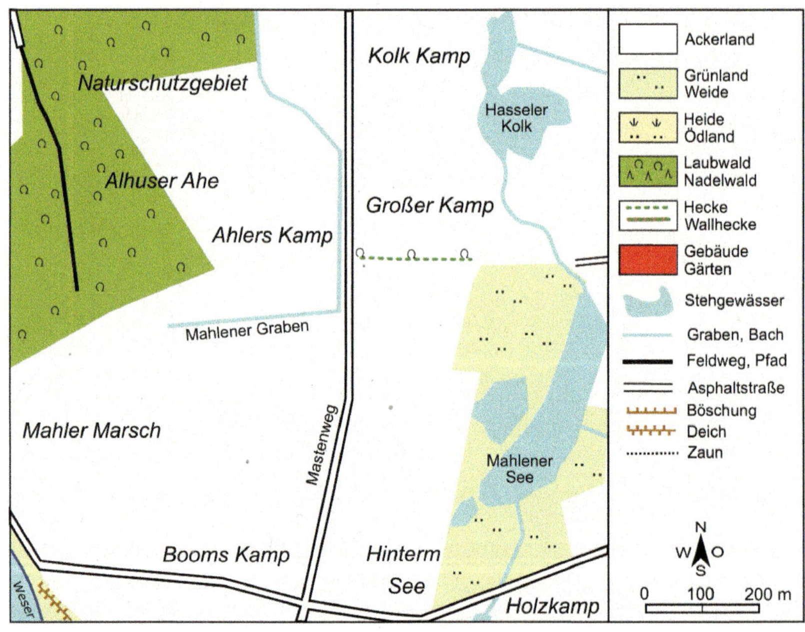

Karte 8: Flächennutzung in der östlichen Wesermarsch um 2020. Datenbasis: Digitalisierung nach TK25 (2019) und AK5 (2022), DOP (2021), z. T. verändert, Geländebegehungen.

wodurch einerseits die Besitz- oder Eigentumsverhältnisse markiert und andererseits das Vieh auf den Weiden gehalten bzw. von den Äckern ferngehalten wurde.

Reisen wir weiter ins Jahr 1770, hat sich gegenüber der Situation um 1900 vor allem die Parzellierung der Ackerflächen verändert, wie der Kartenvergleich zeigt. Die veränderten Besitzverhältnisse werden auch durch die leicht abweichenden Heckenverläufe sichtbar. Hier ist die Zusammenlegung der ursprünglich kleinen, schmalen und lang gestreckten Felder gut nachzuvollziehen, deren Bewirtschaftung so schwierig und ineffizient war und die bei mangelnden Absprachen mit den Nachbarn nicht selten zu Konflikten führten (Born 1977). Aber wieso war das damals so?

Die Ackerflächen in der hier aufgearbeiteten Karte 10 wurden der ursprünglichen Karte von 1771 entnommen, in der allerdings nur die Umfänge der umgebenden Außenbegrenzungen genau vermessen wurden,

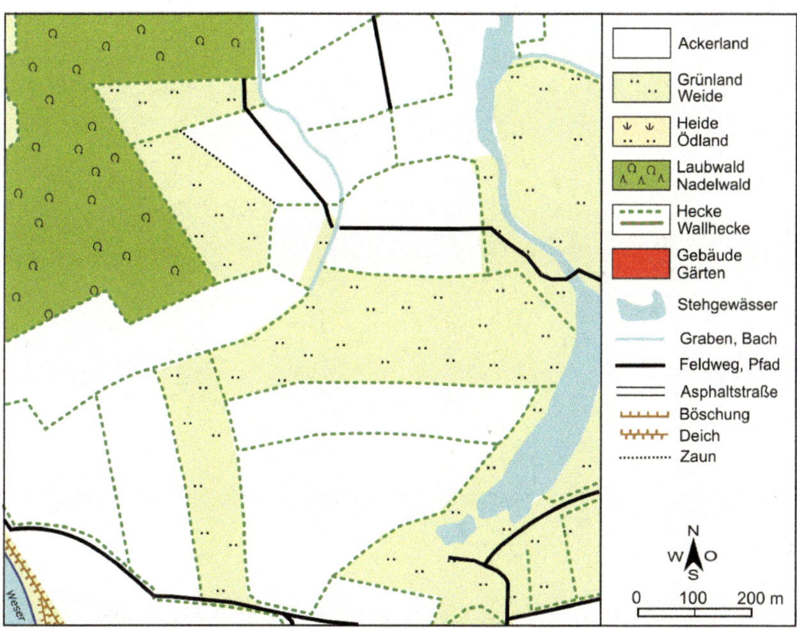

Karte 9: Flächennutzung in der östlichen Wesermarsch um 1900. Datenbasis: Digitalisierung nach PL25 (1898), z. T. verändert.

die Verläufe der darin liegenden Ackerflächen dagegen nur nach Augenschein geschätzt (Bauer 1993). Die eingezeichneten Äcker wurden im Original durch graue Linien voneinander getrennt, die hier in der Karte durch braune Linien (erdfarben) dargestellt werden. Die Signatur dieser Linie spiegelte dabei die kleinen Erdwälle auf den Feldern wider, die jeweils an ihren Längsseiten durch Gräben oder Furchen getrennt waren. Diese Oberflächenstrukturen werden als »Wölbäcker« bezeichnet. Sie entstanden bereits im Mittelalter in weiten Teilen Deutschlands durch eine spezielle Pflugtechnik, indem die eisernen Pflüge, die von Ochsen oder Pferden gezogen wurden, die Ackerkrume nur in eine Richtung warfen. Um das Pfluggespann möglichst selten wenden zu müssen, wurden die Flure in der Form von Langäckern angelegt. Sie hatten eine Breite von wenigen Metern und Längen von 100 Metern und mehr. Die Wölbäcker boten vor allem in nährstoffreichem und feuchtem Boden den Vorteil der Drainage und arbeitstechnischen Unterteilung der Agrarflächen (Born

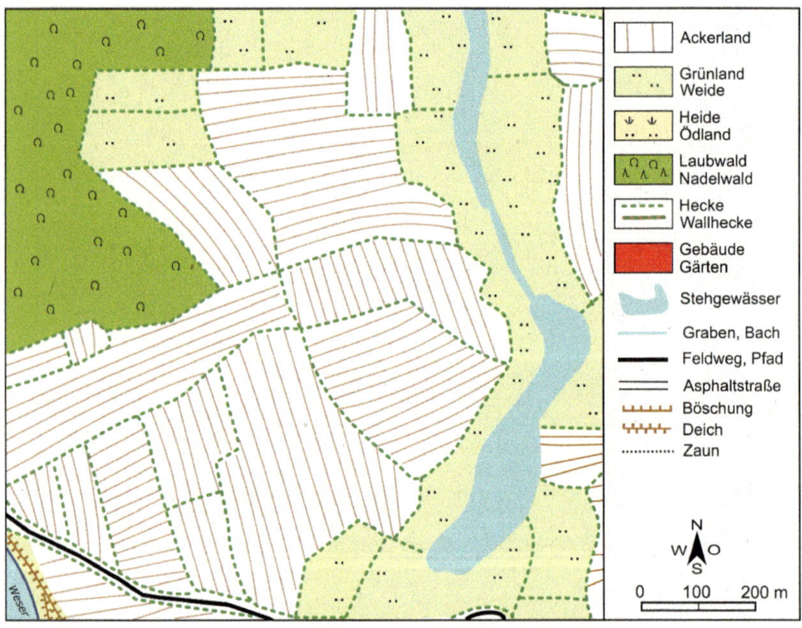

Karte 10: Flächennutzung in der östlichen Wesermarsch um 1770. Datenbasis: Digitalisierung nach KHL (1771), z. T. verändert.

Abbildung 25: Heute stehen immer noch sehr alte Weißdornsträucher schnurgerade am südöstlichen Waldrand der Alhuser Ahe. Es gab sie hier auch schon vor 120 und 250 Jahren. Sie sollten den Wald gegen Verbiss durch die nebenan weidenden Tiere schützen.

Abbildung 24: Die Lerchenspornblüte bedeckt im April große Teile der Alhuser Ahe. Die Pflanze nutzt ähnlich wie das bekannte Buschwindröschen die Lichtdurchlässigkeit der noch nicht belaubten Bäume und gedeiht am besten auf etwas feuchten, lockeren, humosen und nährstoffreichen Lehmböden. Wegen mangelnder Überschwemmungen verändert sich dieser kleine Restauenwald, was sich u. a. durch absterbende Bäume äußert. Intakte Auenwälder sind die artenreichsten und ökologisch wertvollsten Lebensräume in Mitteleuropa. Das Dezemberhochwasser 2023 mit ansteigendem Grundwasser hatte eine stabilisierende Wirkung für die Alhuser Ahe.

1977). Die damals häufige Erhöhung um 50 bis 70 cm in der Mitte des Ackers ging aber nicht nur auf die Pflugtechnik zurück (Meibeyer 1969), sondern wurde auch durch die Auftragung von Stallmist und Bodenentnahmen aus den seitlichen Furchen erreicht. Als sicher gelten heute die Funktion der Abführung überschüssigen Wassers und eine damit einhergehende Risikominimierung, insofern diese Äcker in zu trockenen oder zu nassen Jahren entweder im tiefer gelegenen (feuchteren) oder im höheren (trockeneren) Bereich gute Erträge ermöglichten. In der naturgemäß vom Grundwasser stark beeinflussten Wesermarsch war der Wölbacker wahrscheinlich zwingend erforderlich.

Wie auf der 1770er-Karte ebenfalls gut zu erkennen ist, war die Wesermarsch vor 250 Jahren noch durch eine sogenannte Gewannflur gekennzeichnet. Ein Gewann kann als »ein von linearen Längs- und Breitengrenzen begrenzter Verband gleichlaufender, streifenförmiger, gebündelter Besitzparzellen, deren Besitzer ihr Land in Gemenge haben, bezeichnet werden« (Born 1977, S. 37). Die Größe solcher Parzellen lag im Durchschnitt bei 0,25 bis 0,5 ha und resultierte aus der Pflugleistung eines Bauern oder einer Bäuerin, gemessen in Morgen (ca. 2.600 m^2) oder Tagwerk.

Die Bewirtschaftung der Felder innerhalb eines Gewannes hat sich in weiten Teilen Deutschlands im Rahmen der Dreifelderwirtschaft während des Mittelalters durchgesetzt. Dieses Vorgehen zeichnete sich durch den Wechsel von Wintergetreideanbau, Sommergetreideanbau und einer anschließenden Brache je Feld aus. Als Winterfrucht wurde oft Roggen, Weizen und Dinkel verwendet, bei den Sommerfrüchten dominierten Gerste und Hafer (Poschlod 2017, S. 71). Die von Karl-Ernst Behre (2008, auch Müller-Wille 1938) für diese Region vermutete Einfeldwirtschaft war wohl auf die ältesten Eschflächen unter Plaggendüngung beschränkt, auf die im nächsten Ausschnitt eingegangen wird. Hier unmittelbar in der Marsch wurde wohl Dreifelderwirtschaft betrieben, worauf die in sogenannte Gewanne unterteilten Felder schließen lassen.

Die unterschiedlich großen Gewanne waren bei der Orientierung und den Nutzungszuordnungen der einzelnen Parzellen sehr hilfreich. Außerdem unterstützten die Weißdornhecken bei der Schlickgewinnung nach winterlichem Hochwasser und reduzierten die Strömungsgeschwindig-

Abbildung 26: So sehen jahrhundertealte Hochäcker (Wölbäcker) aus, die nicht mehr genutzt werden und unter Wald erhalten geblieben sind. Die Aufnahme entstand im Sellingsloh (P3) und zeigt etwa sechs Meter breite und in der Mitte ca. 70 cm erhöhte Längswälle, die durch seichte Gräben (Bildmitte) getrennt sind. Wölbäcker waren über Jahrhunderte in Mitteleuropa weit verbreitet, da sie günstige Eigenschaften auf den Wasserhaushalt hatten. In feuchten Jahren wurde Niederschlag über die Gräben abgeleitet, in trockenen Zeiten blieben die Flanken und Gräben feuchter, sodass es wenigstens nicht zu einem kompletten Ernteausfall kam.

keit der Wassermassen, hielten den Boden fest und schützten vor Viehverbiss. Die Landwirtinnen und Landwirte mussten verschiedene Abstimmungen vornehmen, da nach Überschwemmungen in manchen Jahren einige Felder vielleicht gar nicht oder erst später bestellt werden konnten. Von ihnen mussten die nötigen Arbeiten auf allen Ackerstücken eines Gewanns immer gleichzeitig ausgeführt werden. Die schlechten oder gar nicht vorhandenen Wege erforderten ebenfalls eine Koordinierung der Feldarbeiten. Es entstand der Flurzwang, da die Bäuerinnen und Bauern zu einer Abstimmung ihrer Feldarbeiten gezwungen waren. Weil die etwa fünf bis neun Meter schmalen Ackerstreifen innerhalb eines Gewannes auf mehrere Besitzer verteilt waren, ist der hohe Abstimmungsbedarf vage vorstellbar. Ähnlich zersplitterte Besitzverhältnisse sind aus weiten Teilen Deutschlands bekannt (Born 1977) und auch für mehrere Gebiete nördlich Hoya (Jorzick 1952) oder bei Schweringen (Ehlich 1987) nachgewiesen.

Die Aufteilung in schmale Streifen wurde meist schon bei der ersten Rodung oder Kultivierung einer Fläche von den Dorfbewohnern vorgenommen. Die Gemengelage der Ackerflächen eines Hofes »war also von Anfang an mit dem Gewannsystem verbunden« (Welling 1955, S. 35). Da jede Bauernfamilie nur eine sehr eingeschränkte Tagesleistung Feldarbeit verrichten konnte und mit dieser an möglichst vielen Bodenqualitäten am Gebiet der Dorfgemeinschaft (Gemarkung) teilhaben wollte, ergab sich zwangsläufig eine Vielzahl an Besitzparzellen je Hof. Durch ein weiteres Wachstum des Dorfes und damit verbundene Flurerweiterungen kamen im Laufe der Jahrhunderte immer neue Parzellen in den erschlossenen Bereichen hinzu. Immerhin wurden im Gegensatz zu vielen anderen Regionen Deutschlands die Ackerflächen nicht noch bei Hofnachfolge immer weiter aufgesplittert, denn die Höfe in der alten Grafschaft Hoya werden seit Jahrhunderten nach besonderem Recht ungeteilt von Generation zu Generation weitergegeben (Bockhop 1967).

Die aus heutiger Sicht damals ineffektive Landwirtschaft wurde noch durch die kaum vorhandenen und wenig befestigten Wirtschaftswege erschwert. Die Zuwegung der landwirtschaftlichen Nutzflächen wurde allerdings im 19. Jahrhundert durch Feldwege verbessert, wie der Vergleich mit den jüngeren Karten zeigt. Weiterhin ist hervorzuheben, dass die Ackerflächen um 1770 noch nicht zusammengelegt waren und in diesem Bereich der fruchtbaren Wesermarsch keine Allmende mit Heidevegetation existierte. Vorstellbar ist aber, dass die mit Hecken umgrenzten Grünlandbereiche zumindest teilweise gemeinschaftlich genutzt wurden.

Sowohl vor 120 Jahren, vor allem aber in der Landschaft von 1770 kann noch die ursprünglichere Gestalt des Weseraltarms nachvollzogen werden. Weiterhin fällt auf, dass sich die Waldfläche in ihrer Form gegenüber heute kaum verändert hat. Die Ursache besteht wohl darin, dass das Waldstück Alhuser Ahe keine Allmende war, sondern sich zu der Zeit bereits in königlichem Eigentum befand. Die königlichen Forste wurden wesentlich pfleglicher behandelt als private Waldflächen, und seit Mitte des 18. Jahrhunderts wurde mit einer planmäßigen künstlichen Waldverjüngung begonnen, sodass die Alhuser Ahe allmählich in einen Hochwald umgewandelt wurde (Nds. LF 2006, zit. nach LK NI 2022).

Warum wurde dieses Waldstück anders bewirtschaftet als die in Gemeinbesitz befindlichen Hutewälder? Der ständige Holzmangel und die damit verbundene jahrhundertelange Übernutzung des Waldes führten dazu, dass die schlechten Zustände vieler Wälder Überlegungen über neue Bewirtschaftungsformen einleiteten. Im Jahr 1713 erschien das Werk »Sylvicultura Oeconomica« des sächsischen Oberberghauptmanns Hans Carl von Carlowitz, welches als Gründungsdokument der Forstwissenschaft gilt. Eine der Innovationen Carlowitz' bestand in seiner Empfehlung, einem Wald höchstens die Menge an Holz zu entnehmen, die nachwächst (Bork 2020). Hierin sehen bis heute viele die Entdeckung des Prinzips der Nachhaltigkeit, was nach neueren Forschungen allerdings »nicht haltbar« ist, da sich mehrere »Autoren vor Carlowitz bereits ausführlich zum nachhaltigen Umgang mit der Ressource Holz geäußert haben«(Vollmuth 2021, S. 56). Allerdings hatte er sicher Anteil an der ökonomischen Neuausrichtung der Forstwirtschaft. So waren es oft die königlichen (heute landesforstlichen) Wälder, in denen die neuen Erkenntnisse Anwendung fanden (Radkau 2012), so auch in der Alhuser Ahe.

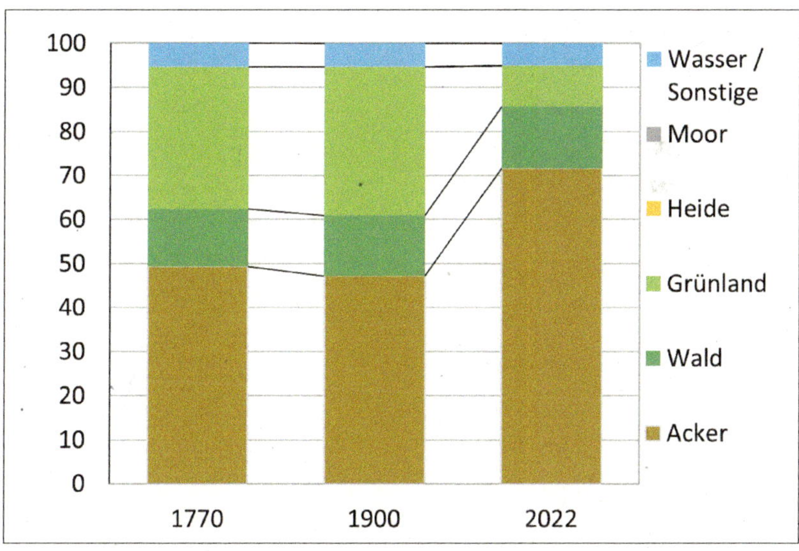

Abbildung 27: Veränderung der Flächennutzung von 1770 bis 2022 im Ausschnitt der östlichen Wesermarsch. Datenbasis: eigene Flächenberechnungen auf Grundlage der digital erfassten Landschaftsausschnitte.

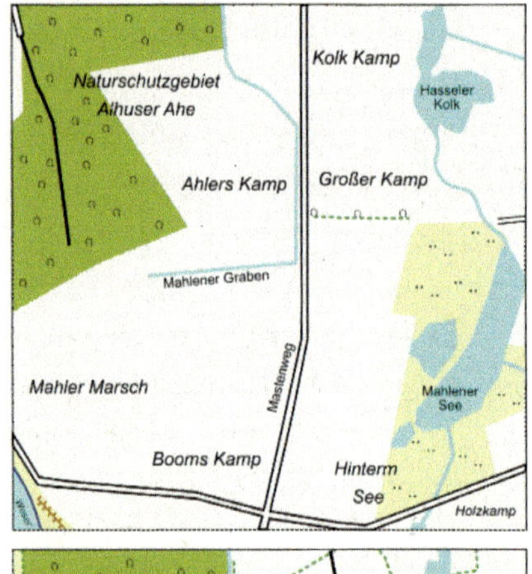

um 2020

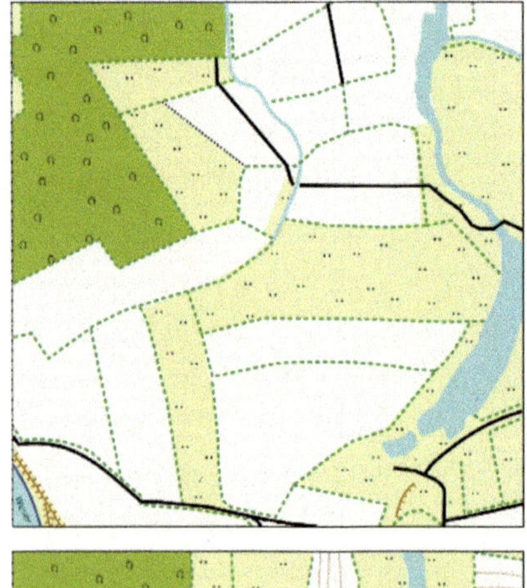

um 1900

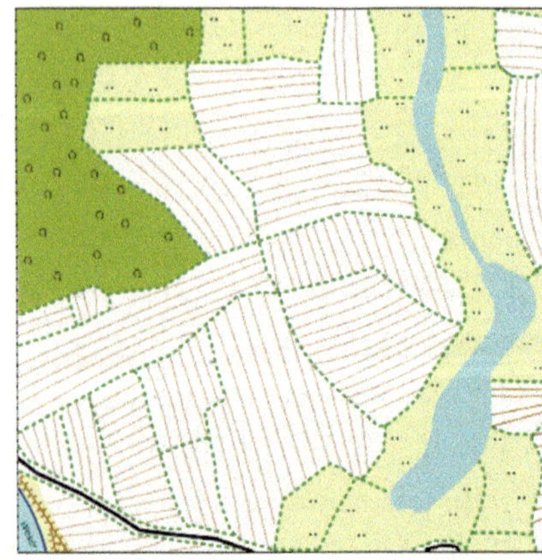

um 1770

Karte 11: Die vorherigen Karten zeigen im Überblick den Landschaftswandel in der östlichen Wesermarsch.

Es kann hier festgehalten werden, dass die Veränderung der Flächennutzungen in der östlichen Weseraue relativ unspektakulär verlief. Es konnte die Frage beantwortet werden, warum es hier eines der wenigen Waldstücke unmittelbar an der Weser gibt und warum es trotz der agrarstrukturellen Reformen des 19. Jahrhunderts bis heute erhalten blieb. Es zeigte sich außerdem, dass es erst im letzten Jahrhundert zu einem deutlichen Rückgang des Dauergrünlands zugunsten des Ackerlands kam, während die Wasser-, Verkehrs- und vor allem Waldflächen weitgehend unveränderte Flächenanteile beibehielten. Da die Weser für die Region so prägend ist, geht es im nächsten Kapitel in einer Zeitreise ans linke Flussufer, um weitere raum- und nutzungsrelevante Aspekte zu sammeln.

Flussmarsch mit Wiese, Weide und Acker

Der zweite Zeitreiselandschaftsausschnitt des Wesertals reicht vom linken Weserufer bis zum östlichen Rand des Ortes Altenbücken. In dem ebenfalls einen Quadratkilometer großen Gebiet ist in der Karte des Jahres 2022 wieder die hohe Dominanz der Ackerflächen zu erkennen. Im nordwestlichen und südöstlichen Bereich tritt Grünland in Erscheinung.

Die landwirtschaftlichen Nutzflächen sind durch sehr gut ausgebaute Wirtschaftswege mit Asphalt- oder Betondecken erschlossen. In den frühen 2020er-Jahren wurden auf den Ackerflächen vorwiegend Getreide, Zuckerrüben und Kartoffeln angebaut. Die Grünflächen wurden als Mähwiesen genutzt, Weidetiere konnten hier nicht beobachtet werden. Weiterhin sind im Gelände die Deichbauten als Hochwasserschutzmaßnahmen zu erkennen. Dieser zeitweise von Schafen beweidete Hauptdeich trennt die Siedlungsfläche Altenbückens von der Niederung und darin eventuell auftretendem Weserhochwasser (Abbildung 17, S. 66). Im Osten ragen deichartige Strukturen in die nach Norden verlaufenden Grünflächen. Sie gehören zu einem sogenannten Sommerdeich, auf dessen Aufgaben weiter unten noch näher eingegangen wird. Bei den Gewässern sind zwei Gräben auffallend, die in den frühen 2020er-Jahren kein oder kaum Wasser führten. Beim Bewuchs ist im Gegensatz zur östlichen Weseraue das Fehlen von geschlossenen Waldflächen hervorzuheben. Ausgedehntere Heckenbestände finden sich vor allem entlang des nordwestlich-südostlich verlaufenden Bultweges, eines gut ausgebauten Wirtschaftswegs, der heute gleichzeitig als Weserfernradweg dient.

Der gleiche Geländeausschnitt sah vor 120 Jahren deutlich anders aus und zeigt vor allem, wie sich die landwirtschaftliche Nutzung im späten 19. Jahrhundert im Landschaftsbild widerspiegelte. Zunächst lassen sich die Flurnamen besser verstehen, da die Endungen -wiesen, -marsch und -kamp jetzt im Gelände als konkrete Nutzungen in Erscheinung treten. Weiterhin waren vor 120 Jahren wesentlich größere Flächen mit Grünland bedeckt und der Flächenanteil der Felder wesentlich geringer als heute. Die Wirtschaftswege zeigten sich nur bedingt ausgebaut bzw. überwiegend unbefestigt. Besonders treten in der Karte die umfangreichen Heckenbestände hervor. Sie dienten wieder der Abgrenzung der Weideflächen und zeigten zugleich die Eigentums- oder Besitzverhältnisse an. Gepflanzt wurden vor allem Weißdornsträucher, da sie verträglich gegenüber Verjüngungsschnitt sind und auch Hochwasserstände gut ertrugen.

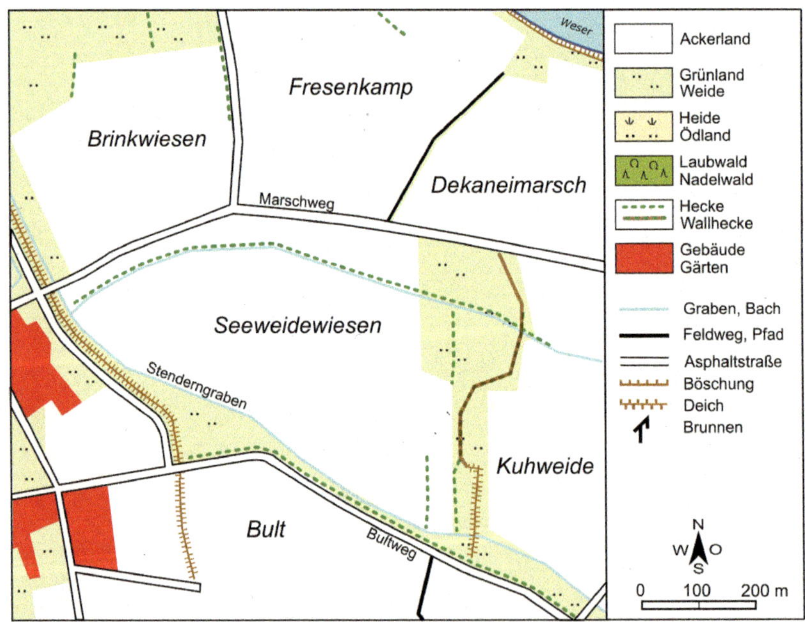

Karte 12: Flächennutzung in der Altenbücker Wesermarsch um 2020. Datenbasis: Digitalisierung nach TK25 (2019) und AK5 (2022), DOP (2021), z. T. verändert, Geländebegehungen.

Die Weidetiere konnten außerhalb der Wintermonate die Grünflächen nutzen und blieben aufgrund der dornigen Hecken in den entsprechenden Parzellen.

Insgesamt finden sich hier viele Gemeinsamkeiten mit der gegenüberliegenden Weseraue bei Eystrup, denn »hoher Grundwasserstand und häufige Überschwemmungen begünstigten die Wiesenkultur, trockenere Lagen verlangten nach dem Ackerbau« (Golkowsky 1966, S. 64). Die Wirtschaftswege wiederum dienten mit bis zu 20 Meter Breite als Viehtriften von den Stallungen in Altenbücken zu den Weideplätzen in der Wesermarsch.

Sehr deutlich tritt die Struktur des ein bis zwei Meter hohen Sommerdeiches hervor. Für einen wirksamen Schutz gegen kleinere und mittlere Hochwasser war in der Altenbücker Marsch die Deichhöhe von 18 Meter über Normalhöhennull (NHN) entscheidend (s. Abbildung 19, S. 68). Damit konnte der Sommerdeich vor allem seine Schutzfunktion

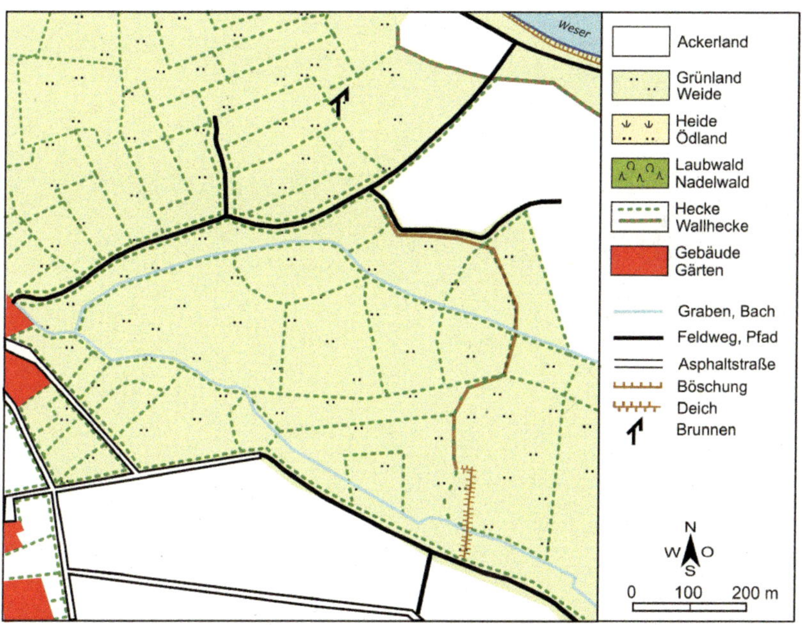

Karte 13: Flächennutzung in der Altenbücker Wesermarsch um 1900. Datenbasis: Digitalisierung nach PL 1898, z. T. verändert.

gegen frühsommerliches Hochwasser erfüllen. Seine Hauptaufgabe bestand darin, vor Überschwemmungen aus den tiefer gelegenen Gebieten bei Hoya zu schützen, um damit die bereits bestellten Felder beim Ort Stendern trocken zu halten. Vermutlich wirkte der Sommerdeich auch verlangsamend auf die Strömung stärkerer winterlicher Hochwasser, was auch durch die Hecken unterstützt wurde. Immer wieder erwiesen sich die unverwüstlichen Weißdornhecken als vorteilhaft, da sie zur Reduzierung der Strömungsgeschwindigkeit des Hochwassers beitrugen (Wiegand 2019) und zugleich die Ablagerung von nährstoffreichem Schlick förderten, welcher von den Bauernfamilien als willkommene Düngung der Wiesen und zur Reduzierung der Mäuseplage begrüßt wurde (Mohr 1989). Noch Mitte des 20. Jahrhunderts konnten bereits nach einer einmaligen Überschwemmung im Verdener Becken nördlich von Hoya durchaus zwei bis drei Zentimeter Schlickablagerungen gemessen werden (Jorzick 1952, S. 107).

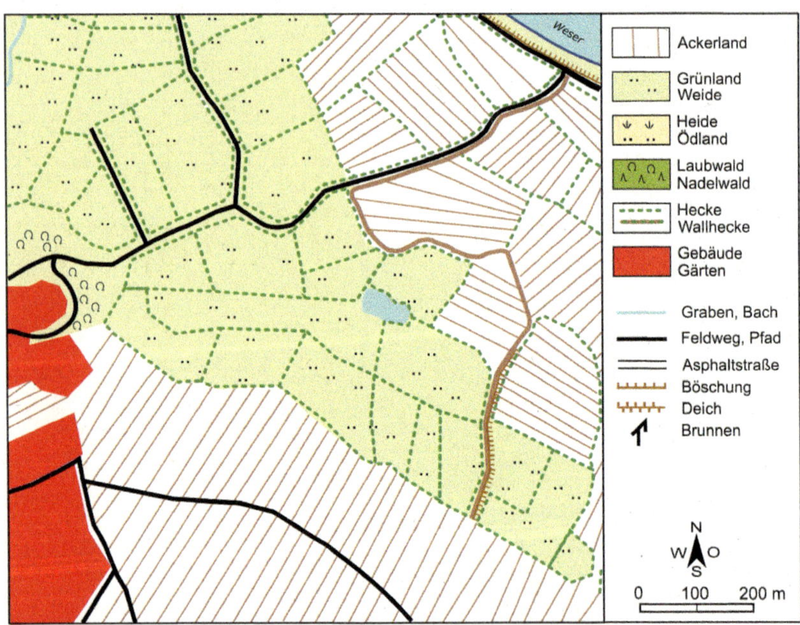

Karte 14: Flächennutzung in der Altenbücker Wesermarsch um 1770. Datenbasis: Digitalisierung nach KHL 1770, z. T. verändert.

Die Weiterreise ins Jahr 1770 zeigt in der Karte nur geringe Veränderungen in der Flächennutzung. Auffallend ist allerdings, dass die Ackerflächen vor 250 Jahren eine etwas größere Ausdehnung als Ende des 19. Jahrhunderts hatten. Dies hängt wahrscheinlich mit dem Rückgang der Getreidepreise aufgrund immer leistungsfähigerer Welthandelsnetze zusammen, weswegen »zu Ende des 19. Jahrhunderts eher ein Trend zur Überführung von Ackerland in Grünland bestand« (Küster 2010, S. 234, ähnlich Radkau 2012).

Zu dieser Beobachtung passt auch, dass um die 1770er-Jahre erstmals gute Erfolge mit der Pflanzung von Klee und Futterrüben gemacht wurden und es infolgedessen zu besseren Getreideernten kam. Bäuerinnen und Bauern aus Schweringen hatten bereits um 1769 nicht nur sehr gute Erfahrungen mit Klee als Futterpflanze gemacht, sondern beobachteten auch, dass er als Gründünger zur Bodenverbesserung gut geeignet war, sodass sich nach dem Umbrechen der Kleeflächen »ausgezeichnete Getreidestandorte« (Cordes 1981, S. 106) ergaben. Rotklee verfügt über die besondere Eigenschaft, durch Symbiose mit Knöllchenbakterien Stickstoff aus der Luft zu binden und dem Boden als Dünger zuzuführen. Der Anbau

Abbildung 28: Blick aus 100 Meter Höhe auf die Wesermarsch östlich des Ortes Altenbücken. Die Weggabelung im Vordergrund bestand schon vor 250 Jahren an dieser Stelle. Links und rechts des Weges umgaben damals Hecken die Wiesen und Weiden. Die Kühe und Schafe wurden auf dieser Viehtrift (auch Viehweg, Treibweg, Kuhtrift) zum Grünland geführt. In der oberen rechten Bildhälfte liegt der Sommerdeich, davor die Flur »Seeweidewiesen«. Ganz oben rechts im Wald liegt der kleine Ort Stendern.

von Futterpflanzen, die gleichzeitig noch den Boden düngten, »führte zu umwälzenden Veränderungen in der Landwirtschaft und damit auch in der Kulturlandschaft. Der Anbau der Futterpflanzen machte die Sommerstallhaltung möglich und führte in der Folge zur Aufgabe des Viehtriebs und der Hutung« (Poschlod 2017, S. 120).

Wie auch am rechten Weserufer fällt linksseitig ebenfalls die Unterteilung der Ackerflächen ins Auge. Hervorzuheben ist aber der Unterschied zwischen den kleineren Gewannen mit kürzeren Ackerstreifen unmittelbar an der Weser im Gegensatz zu den langen Ackerstreifen ohne Gewanne und Hecken südöstlich Altenbückens im Bereich »Bult«. Ursächlich dafür sind die unterschiedlichen Boden- und Bewirtschaftungsverhältnisse. Während auf den fruchtbaren Vegaböden der Weseraue die Wiesen und Weiden lagen, wurde auf den südöstlichen Braunerdeäckern im Einfeldsystem der »ewige Roggenanbau« unter Plaggendüngung betrieben. Dies lässt sich bis heute in den oberen Bodenschichten auf diesen Ackerflächen nachweisen (BK50 2017). Neben Roggen setzte sich später Saatweizen als leistungsfähigere Getreideart durch (Poschlod 2017).

Die Straßen und Wege waren um 1770 weitgehend unbefestigt, es sind überwiegend »sehr kümmerliche Wegeverhältnisse gewesen, die ein Passieren oftmals sehr erschwerlich machten« (Habermann 1982, S. 263). Der Sommerdeich hat bereits in dieser Zeit bestanden, was die Bedeutung als Schutzfaktor für die Ernte unterstreicht. Die Hecken hatten 1770 ihren Umfang und die Funktionen wie im Jahrhundert davor. In den heckenumschlossenen Ackerflächen ist noch die Aufteilung in einzelne Parzellen nachzuvollziehen, wie es schon auf der rechten Weserseite beobachtet werden konnte. Wie auch im Ausschnitt der östlichen Weseraue sind die schmal parzellierten Ackerflächen auffällig, die darauf hinweisen, dass die Zusammenlegung erst in der Zeit danach erfolgt sein muss. Es dauerte tatsächlich noch rund 80 Jahre, denn erst im Jahr 1852 erfolgte »die Verkoppelung des Altenbücker und Stenderner Feldes« (Habermann 1982, S. 273). Allerdings hatte es an wenigen Orten schon vor 1800 Veränderungen in den Eigentumsverhältnissen gegeben. In einer Art »Pilotprojekt« wurden erste außerordentlich frühe Aufteilungen der gemeinschaftlich genutzten Allmenden im Amtsbezirk Hoya durchgeführt. Diese frühen Teilungsversuche betrafen vorwiegend Forst- und Heideallmenden auf minderen Böden wie zum Beispiel im Ort Martfeld westlich von Hoya. Ein mit dieser Aufgabe vor Ort beauftragter Gutachter hob 1767 zur Erklärung der Maßnahmen hervor, »es würde nicht mehr so viel Gras durch den Tritt der Tiere vernichtet werden, da man die große, schier unbegrenzte Gemeinweide in kleinere Schläge einteilen würde« (bei Golkowsky 1966, S. 25).

Diese Aussagen wurden in den nachfolgenden Jahren immer häufiger und leiteten weitgehende Umbrüche in der Landwirtschaft ein. Sie mündeten schließlich in die Gründung der Agrarwissenschaften durch Albrecht Daniel Thaers Grundsätze der rationellen Landwirtschaft von 1809 bis 1812 (Poschlod 2017) und führten nach und nach in ganz Deutschland zu den Agrarreformen. Da die Nutzflächen in der fruchtbaren Wesermarsch durch einzelne Landwirtinnen und Landwirte genutzt wurden, kam es auch hier erst später zur Zusammenlegung der Ackerparzellen. Die nährstoffreichen und immer wieder vom Weserschlick gedüngten Böden in der Weseraue lieferten im 18. Jahrhundert verlässlich Heu als Winterfutter und Weiden als Sommerstandorte für das Vieh. Auf diesem kostbaren, gleichzeitig auch grundwassernahen und überschwemmungsgefährdeten Standort musste keine oder nur selten Plaggenwirtschaft betrieben werden, es gab keinen Wald und keine Heideflächen. Auf der südöstlich Altenbückens angrenzenden und überschwemmungsfreien Weserterrasse im Flurstück Bult befanden sich die Ackerflächen, die nur durch regelmäßige Plaggenwirtschaft für den Roggenanbau ertragfähig gehalten werden konnten.

In der Originalkarte aus dem Jahr 1771 konnte kein Fließgewässer nachgewiesen werden, welches vor dem Bau der Gräben des 19. Jahrhunderts das Oberflächenwasser in Richtung Weser ableitete. Bei dem ca. 3.000–5.000 qm großen »See« handelte es sich wahrscheinlich um eine Flutmulde, die hier als vernässter Bereich über weite Teile des Jahres bestehen blieb und nur während längerer Hitzeperioden austrocknete. Die Wasserfläche machte damals sichtbar, was noch heute gilt: Die Weser drückt bei steigender Wasserführung seitwärts in das Grundwasser der flussnahen Bereiche, während in sommerlichen Trockenphasen das

Grundwasser wieder umgekehrt in Richtung Weser fließt. Der Flurname »Seeweidewiesen« lässt sich nun gut erklären, genauso wie die Notwendigkeit zur Anlage des Stenderngrabens (vgl. Karten 13+14) im 19. Jahrhundert, um eine intensivere Nutzung der Grünlandbereiche durch Entwässerung zu erreichen. Als dann die Entwässerung wirksam wurde, erfolgte die Anlage eines Brunnens zur sommerlichen Versorgung des Viehs.

Die zwei Landschaftsreisen durch die Weseraue machten deutlich, dass die Veränderungen vom ausgehenden 19. Jahrhundert bis heute wesentlich stärker waren als in den vorherigen 120 Jahren. Hier sind nur der Ausbau des Wegenetzes und Schwankungen bei den Äckern und Grünlandbereichen festzustellen. Die Auswirkungen durch die Agrarreformen des 19. Jahrhunderts waren deshalb gering, weil die Flächen in der Weseraue bereits intensiv bewirtschaftet wurden. Dieser Umstand trug wesentlich dazu bei, dass zu dieser Zeit in den Flussmarschen die Bevölkerungsdichte doppelt so hoch war wie in den Geestgebieten (Seedorf/Meyer 1996, S. 173 f.). Als im späten 19. Jahrhundert die Getreidepreise fielen und die Nachfrage nach Rindfleisch und Milchprodukten stieg, wur-

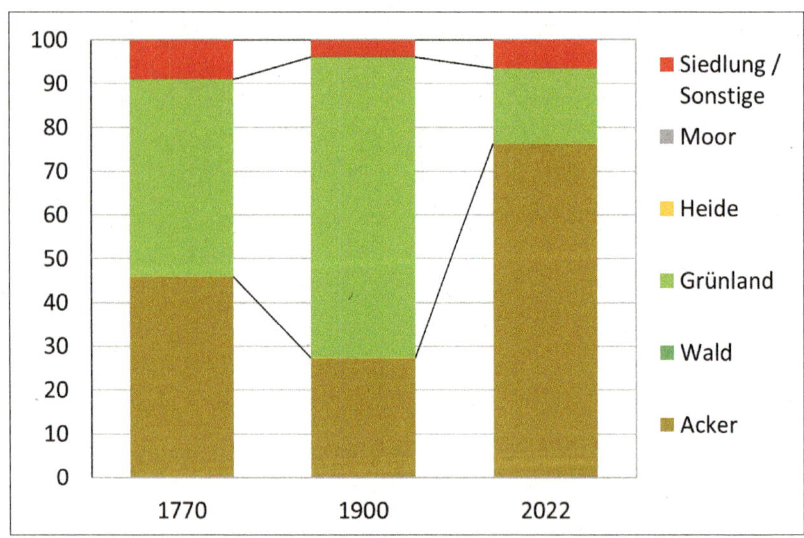

Abbildung 29: Veränderung der Flächennutzung von 1770 bis 2022 in der Wesermarsch bei Altenbücken. Datenbasis: eigene Flächenberechnungen auf Grundlage der digital erfassten Landschaftsausschnitte.

den in großen Teilen des Mittelwesertals die Äcker wieder als Grünland genutzt (vgl. Karte 6 und Karte 7, S. 78/79).

Weitergehende Veränderungen erfolgten bis in die jüngste Vergangenheit. So führten die Reformen ab Mitte des 20. Jahrhunderts zum Verschwinden der Grünlandbereiche zugunsten der Ackerflächen. Die TK25 in der Ausgabe 1972 zeigt außerdem eine beginnende Auflösung der Heckenstrukturen und in der Ausgabe 1985 schließlich nur noch kleine Restvorkommen. Dies war die Folge einer 1958 beginnenden weiteren Verkoppelung in der Altenbücker Marsch, »die zum Großteil das Verschwinden der dort bisher so charakteristischen Hecken und Knicks nach sich zog« (Habermann 1982, S. 274). Ernst August Prinzhorn (2022) bestätigt, dass er vor über 40 Jahren auch Sträucher rodete, dies aber heute rückblickend

Abbildung 30: Wenn Eichen, Hainbuchen, Eschen, Hasel- oder Weißdornsträucher direkt über dem Wurzelstock oder in zwei Meter Höhe abgeholzt werden, treiben sie bereits im Folgejahr wieder stark aus. Dieses jüngere Unterholz bildet den »Niederwald«. Verbleiben einige unterschiedlich alte Hochstämme als Oberholz, entsteht ein artenreicher »Mittelwald«, der in Deutschland bis ins 18. Jahrhundert noch sehr weit verbreitet war und zur Verbreitung der Eichen-Hainbuchenwälder beitrug. Diese Aufnahme entstand nördlich Holtrup (P2), wo im Winter 2022/23 Bäume entnommen wurden.

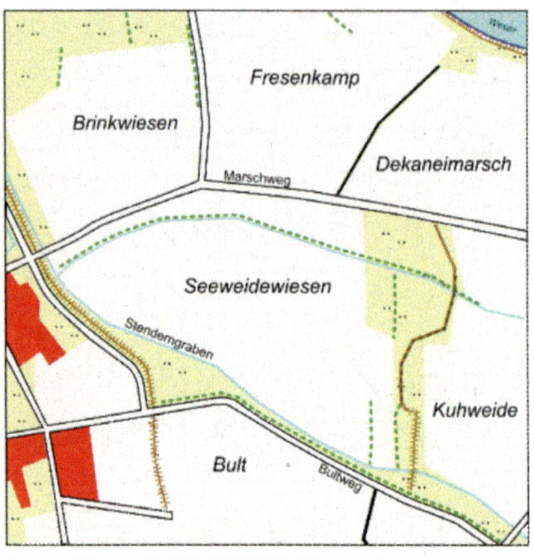

um 2020

um 1900

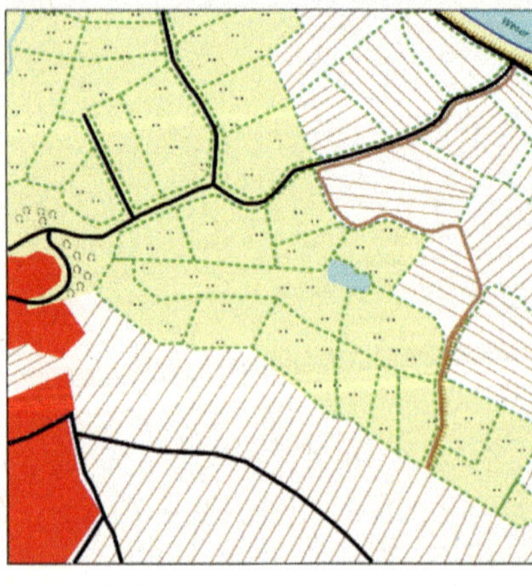

um 1770

Karte 15: Die vorherigen Karten zeigen im Überblick den Landschaftswandel in der Altenbücker Wesermarsch.

sehr kritisch bewertet. Aktuell sind nur noch vereinzelte Heckenreste im Norden des Landschaftsausschnitts zwischen Ackerflächen zu finden. Im Süden befindet sich noch der intakte und mit Hecken bestandene Sommerdeich. Die Hecken werden noch mehrmals in den anderen Landschaftszeitreisen zu beobachten sein.

Für die Weseraue gilt, dass die noch Mitte der 1980er-Jahre vorhandenen Grünlandbereiche bis in die Gegenwart stetig zugunsten von Ackerland abnehmen. Hier kommt der vielseitige »Druck« auf die (nicht vermehrbaren) Ackerflächen zum Ausdruck, der seit Jahrzehnten durch Flächenverbrauch für Siedlungs-, Gewerbe- und Verkehrsflächen sowie durch Biomassepflanzungen (Mais), Aufforstungsflächen, Kiesabbau- und Ausgleichsflächen wirkt.

Die genannten Ursachen für die Inanspruchnahme von Flächen sind kein spezifisches Merkmal dieser Region, sondern wurden schon ausführlich für andere ländliche Räume Niedersachsens beschrieben (Kausch 2000) und in ihrer Bedeutung für Deutschland einführend vorgestellt.

Niederterrasse mit Wald, Heide und Acker

Von der Niederterrasse bei dem kleinen Ort Holtrup zwischen Schweringen und Bücken beträgt die Entfernung zur Weser etwa zwei Kilometer. Der Blick ins heutige Gelände zeigt hier zunächst wieder einen intensiv ackerbaulich genutzten und mit befestigten Straßen und Wegen gut ausgebauten Teilraum des Wesertals. Allerdings haben in dieser Landschaft sehr starke Veränderungen stattgefunden, wie der Zeitsprung in das Jahr 1898 deutlich zeigt.

Im ausklingenden 19. Jahrhundert befand sich hier eine völlig andere Landschaft. Neben einem höheren Anteil von Waldflächen fallen die Heide- und Grünlandflächen sowie die hohe Durchdringung des Geländes mit Hecken, insbesondere Wallhecken, auf.

Der Ausbau des Straßen- und Wegenetzes entspricht etwa dem heutigen, wenngleich die Oberflächenmaterialien und Ausbaudetails andere waren als heute. Die Hecken dienten wie am Fluss wieder als Zaun mit den beiden Hauptaufgaben, die Tiere auf der Weide zu halten und am Betreten der bestellten Äcker zu hindern.

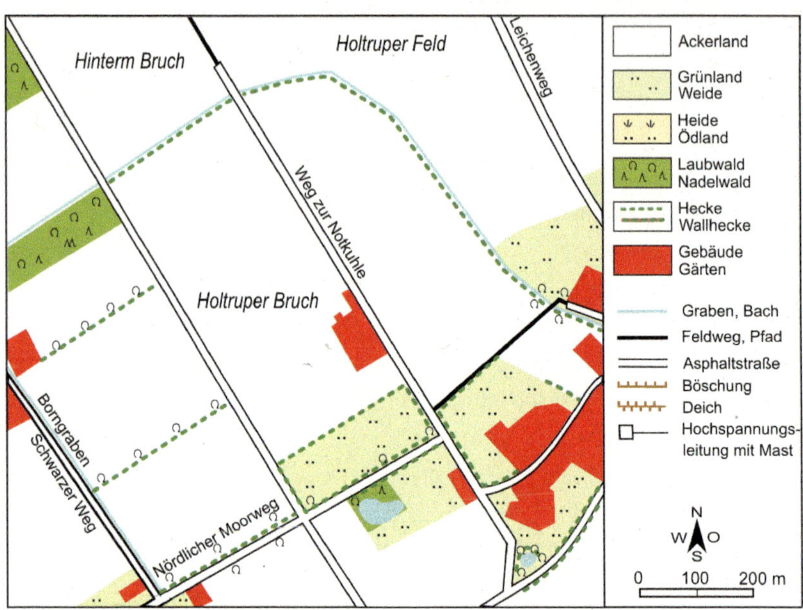

Karte 16: Flächennutzung auf der Niederterrasse um 2020. Datenbasis: Digitalisierung nach TK25 (2019) und AK5 (2022), DOP (2021), z. T. verändert, Geländebegehungen.

Karte 17: Flächennutzung auf der Niederterrasse um 1900. Datenbasis: Digitalisierung nach PL 1898, z. T. verändert, Geländebegehungen.

Ausrichtung und Zuschnitt der Ackerparzellen ergaben sich aus der Größe (um zwei Hektar) und wahrscheinlich dem Wunsch nach Schutz gegen die Hauptwindrichtung Westen. Mit der in Karte 17 erkennbaren Südwest-Nordost-Ausrichtung konnten die Hecken ihre Schutzwirkung gegen Wind, Frost und Verdunstung optimal entfalten. Hieraus kann geschlossen werden, dass die Bauern und Bäuerinnen wohl schon im 19. Jahrhundert wussten, dass die Ertragsleistungen der angebauten Kulturpflanzen auf der windabgewandten Heckenseite (Lee) wesentlich höher waren als ohne die Schutzpflanzungen. Neuere Forschungen haben diese Wirkung vor allem für die ersten 20–30 Meter hinter einem Strauchgürtel bestätigt (Kremer 2015). Der Zuschnitt der Parzellen ergab sich fast zwangsläufig, wenn man die Felder zum Beispiel im Frühjahr gegen nasskalte Nordwestwetterlagen (»Aprilwetter«) schützen wollte. Dies erforderte in der Praxis nämlich möglichst weniger als 30–40 Meter Länge in Nord-Süd-Richtung, was hier fast optimal umgesetzt wurde. Beim genauen Blick in die Karte lässt sich das Vorgehen nachvollziehen. Nicht zu-

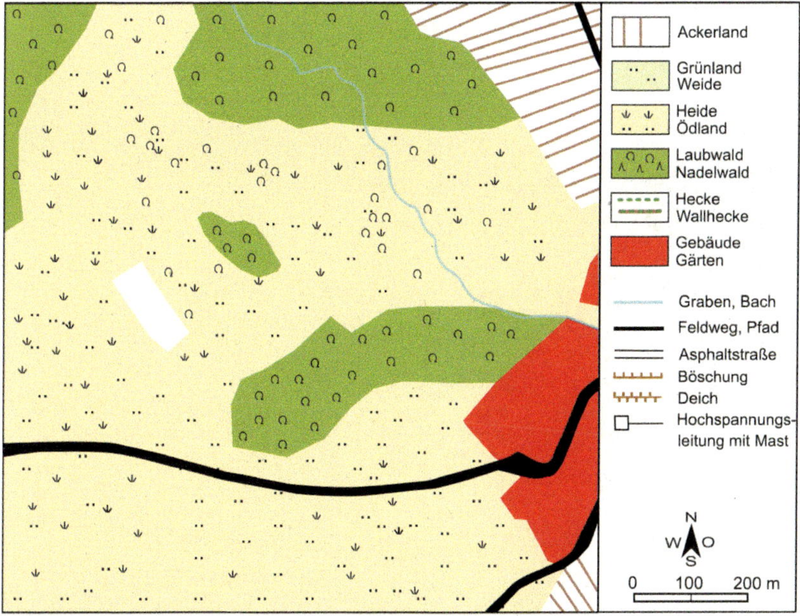

Karte 18: Flächennutzung auf der Niederterrasse um 1770. Datenbasis: Digitalisierung nach KHL 1771, z. T. verändert.

letzt war der länglich-rechteckige Parzellenzuschnitt auch für das Pflügen günstiger, da man weniger wenden musste.

Aber was wurde auf den Äckern angebaut, und wie hat sich die Landschaft gegenüber der Situation im 18. Jahrhundert verändert? Sind es wieder nur geringfügige Veränderungen wie im Bereich der Flussniederung?

Die Weiterreise zeigt schnell, dass hier auf der Niederterrasse nochmals intensivste Veränderungen im Landschaftsbild stattgefunden haben. Um 1770 überwiegen Heide und Wald den Flächenanteil der Äcker. Hier ist die weiter oben beschriebene, noch klassische dörfliche Situation vor den Agrarreformen vorzufinden. Die Ackerflächen des Eschs mit der Plaggenwirtschaft befanden sich am östlichen und nordöstlichen Ortsrand Holtrups und sind am rechten oberen Kartenrand noch zu sehen. Westlich des Dorfes befanden sich die Gemeinheiten aus Heide und Wald. Die Heideflächen entwickelten sich oft aus den Waldflächen, wenn diese in Gemeinbesitz waren und von Frühjahr bis zum Winter als Hutewälder vom Vieh genutzt wurden. Dieser Übergang vom Wald zur Heide ist in der 1770er-Karte gut zu erkennen.

Abbildung 31: Blick aus 300 Meter Höhe auf Holtrup, darüber der Ausschnitt aus den Karten 16–18. Die Bückener Vorgeest liegt etwa im linken Bilddrittel. Die weniger ertragreichen Böden haben dort zu einem höheren Waldflächenanteil geführt, einige Feldhecken gehören zum Landschaftsschutzgebiet im Holtruper Moor.

Man darf sich die damalige Heide allerdings nicht genauso vorstellen wie heutige Naturschutzgebiete der Lüneburger Heide (Abbildung 22, S. 80). Das Plaggenstechen führte zu einem Flickenteppich aus vegetationsfreien Flächen und geschlossenen Heiden mit allen Zwischenstadien der Regeneration und teilweise vom Wind verwehtem Sand. Solche Dünen sind heute noch stellenweise im Kiefernwald der Warper Heide (z. B. um P25) erhalten geblieben. Neben der Besenheide bildeten Ginster, Seggen und verschiedene Gräser sowie einige Moose und Flechten die damalige Vegetation (Behre 1994). Aber wie sahen die Wälder im 18. Jahrhundert aus?

Sie sahen anders aus als die heute meist vorzufindenden forstwirtschaftlichen Hochstammwälder oder gar die allgegenwärtigen Kiefern- und Fichtenmonokulturen. Dies lag an der bereits erwähnten Niederwaldnutzung. Hierunter versteht die Forstwirtschaft die drei Erntehiebformen des Wurzelstock-, Kopfholz- und Astholzabtriebes (Abschlagen). Im Gegensatz zum Stockholzabtrieb boten Kopfholzbäume ideale Voraussetzungen für eine gleichzeitige Kombination mit der Waldhude. Da der Abtrieb hierbei in Stammhöhen von zwei bis zweieinhalb Metern erfolgte, waren so die jungen Austriebe oberhalb der Reichweite des Weideviehs und damit dem drohenden Verbiss entzogen. Die Niederwaldwirtschaft war in den Bauernwäldern eine charakteristische Betriebsform zur Erzeugung von Brennholz sowie zur Produktion von Gerberlohe für die kleinbetriebliche Lederfertigung und die Lederbearbeitung (Pott 1991). Hierfür wurde die zerkleinerte Rinde, besonders von jungen Eichen, verwendet. Dass dies hier stattgefunden hat, lässt sich auch heute noch aus dem Namen »Lohfeldweg« (P10) entnehmen, der von Bücken über das »Lohfeld« nach Holtrup führt. Die nächsten Ledergerbereien befanden sich zu dieser Zeit in Hoya (Isenbeck 1971).

Ebenfalls in Zusammenhang mit der Niederwaldwirtschaft stand eine damals sehr verbreitete Nutzung der Bäume, die heute in Vergessenheit geraten ist, aber für die Erklärung des schlechten Zustands der einstigen Restwaldflächen wichtig ist. Die Rede ist von der Gewinnung von »Schaflaub«, das als Notfutter für die winterliche Stallfütterung diente. Am Ende des Sommers wurden dünne Äste, sogenannte Reiser, von Laubbäumen wie Eiche, Hainbuche und Ulme abgeschlagen. Die frischen Zweige wurden gebündelt und umgehend in der Sonne zur Trocknung aufgehängt. Die trockenen Bündel wurden danach bis zum Gebrauch im Winter an einem trockenen Ort eingelagert. Etwa 200 Meter nördlich des Kartenausschnitts gibt die Bezeichnung »Wellnerei« an einer Hofstelle in der TK25 den Hinweis darauf, dass früher an diesem Ort (P1) jene Wirtschaftsform betrieben wurde. Dies geschah, indem dort die Reiser in dem alten Volumenmaß der Holzwirtschaft, den sogenannten Wellen (Schiebe 1839, S. 442), verpackt und zum Verkauf angeboten wurden.

Wie in weiten Teilen Mitteleuropas waren auch die Wälder im Wesertal keine reinen Niederwälder, sondern auch mit hochgewachsenen Bäumen verschiedenen Alters (Oberholz) durchmischt. Diese Mittelwaldwirtschaft (Abbildung 30, S. 103) ergab sich aus dem regelmäßigen Bedarf an Bauholz etwa für lange Balken, die aus den Stockausschlägen des Niederwalds (Unterholz) nicht zu gewinnen waren. Es wurden einzelne Stämme nach Bedarf entnommen, anstatt den Wald abschnittsweise vollständig »abzuholzen, so förderte diese ›unordentliche‹ Waldnutzung (…) die natürliche Verjüngung des Waldes« (Radkau 2012, S. 170). Neueste Forschungen belegen, dass der Mittelwald aus den frühen Besiedlungen und der bereits beschriebenen mobilen Siedlungsweise (ab S. 53) hervorging. Gleichgültig, ob die Nutzung der Stockausschläge großflächig oder nach Auswahl bestimmter Baumarten stattfand, erscheint »es wahrscheinlich, dass bei extensiverer Waldnutzung zwischen Stockausschlägen örtlich größere Bäume stehen geblieben sind. Zum einen, um der seit jeher verbreiteten Waldviehweide Früchte zu liefern, zum anderen um sich siedlungsnahe Holz-Ressourcen für die zukünftige Verwendung zu sichern« (Vollmuth 2021, S. 73).

Jetzt wird deutlich, dass viele Faktoren auf die Entwicklung des Waldes einwirkten. Im Laufe der Zeit führten das Schneiden der Jungtriebe und der Viehverbiss in Verbindung mit regelmäßigen Holz- und Streuentnahmen sowie die Abtragung des Oberbodens für die Plaggenwirtschaft zum Verschwinden des geschlossenen Waldes. Diese Übernutzung führte schließlich zu einem anderen Umgang mit dem Wald und erklärt die beim Vergleich der Karten von 1770 und 1898 auffallenden anderen

Abbildung 32: Weidenabgrenzung durch eine jahrzehntealte Weißdornhecke mit Eichen als »Überhälter« am Holtruper Ortsrand (P13).

Parzellenformen der Waldflächen. Sie resultieren aus den geänderten Eigentumsverhältnissen nach der Auflösung der Allmende und der Überführung ihrer Flächen in individuelle Eigentumsverhältnisse (Kramer/Keese 1967). Die Parzellen sind auch Ausdruck eines anderen Umgangs mit der Ressource Wald, wie es für die Alhuser Ahe schon beschrieben wurde. Im Gegensatz zur Allmende motivierten jetzt immer stärker (privat)wirtschaftliche Interessen das Waldmanagement. Diese neuen Formen der Waldbewirtschaftung lassen sich auch im Landschaftsausschnitt um Holtrup nachvollziehen.

Weitere Veränderungen erfolgten durch neue Feldfrüchte. Die Einführung der Kartoffel infolge des sogenannten Kartoffelerlasses von 1756 trugen genauso wie die Erkenntnisse zur Kleedüngung in der zweiten Hälfte des 18. Jahrhunderts zu einer spürbaren Verbesserung der Ernährungssituation bei. Gerade die Kartoffel sorgte für eine weitreichende Veränderung der Kulturlandschaft, da es mit ihr erstmals möglich war, nährstoffarme Sandböden, wie es sie westlich Holtrups gab (abgeplaggte Heide), großflächig zu nutzen. Es wurde im Kartoffelerlass des Preußenkönigs Friedrich II. dazu geraten, Heideflächen und bisher ungenutztes Ödland in ackerbauliche Flächen umzuwandeln. Außerdem wurde empfohlen, die Brachfläche in der traditionellen Dreifelderwirtschaft zugunsten des Kartoffelanbaus aufzugeben, was zusammen mit dem Anbau von Futterpflanzen wie Klee zur Ablösung des Systems der Dreifelderwirtschaft führte (Poschlod 2017). Dies bedeutete für das Einfeldsystem des ewigen Roggenanbaus zwischen Bücken und Schweringen, die Kartoffel für den erforderlichen Fruchtwechsel zu nutzen. Aus den ehemaligen Heideflächen bei Holtrup sind wiederum Ackerflächen geworden, auf denen zu einem Teil Kartoffeln angebaut wurden und dabei die schützende Wirkung der Wallhecken gegenüber der Hauptwindrichtung ausgenutzt wurde.

Der vergleichende Blick auf die Flächenbilanz macht deutlich, dass die intensivsten Veränderungen in den vergangenen 120 Jahren stattgefunden haben. Auffallende Einschnitte fanden vor allem unmittelbar nach dem Zweiten Weltkrieg statt. Während in der TK25 von 1938 die Nutzungs- und Vegetationsverhältnisse noch sehr stark denen von 1898 ähnelten, zeigt die Ausgabe von 1955 einen starken Rückgang der Wald- und Heideflächen, aber auch des Grünlands zugunsten der deutlichen Zunahme

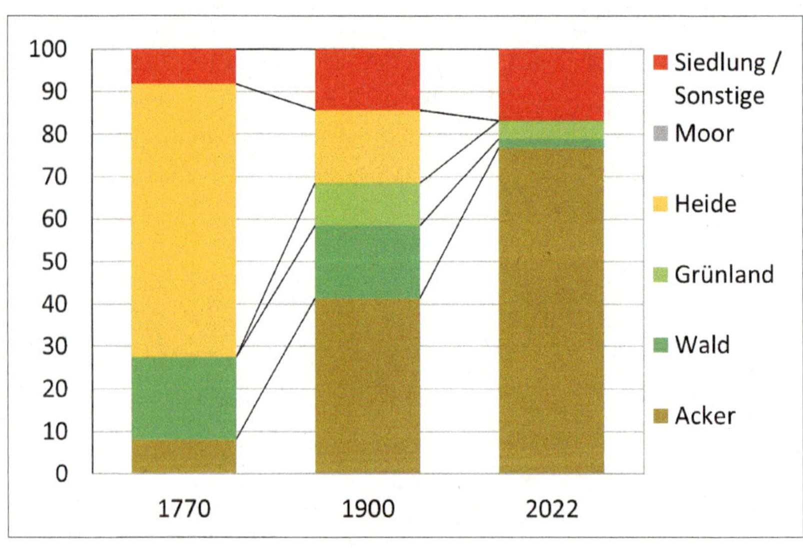

Abbildung 33: Veränderung der Flächennutzung von 1770 bis 2022 im Ausschnitt der Niederterrasse bei Holtrup. Datenbasis: eigene Flächenberechnungen auf Grundlage der digital erfassten Landschaftsausschnitte.

von Ackerflächen. In den späteren Ausgaben bis 1972 setzte sich der Trend fort. Welche Kräfte haben zu diesen starken Veränderungen in der Landschaft geführt?

Mit dem Einströmen von ca. 2,5 Millionen Flüchtlingen nach dem Zweiten Weltkrieg und den Hungerjahren der Nachkriegszeit war eine Steigerung der landwirtschaftlichen Produktion, insbesondere durch Bodenverbesserungsmaßnahmen, auch in Niedersachsen dringend erforderlich (Seedorf/Meyer 1996). Nachdem dafür veraltete Rechtsgrundlagen wie das Reichsumlegungsgesetz von 1936 zunächst im Jahr 1949 in Bundesrecht überführt worden waren, trat nach weiterer Modifikation am 1. Januar 1954 das Flurbereinigungsgesetz (FlurbG) in Kraft. Dieses Gesetz zielt bis heute auf die Förderung der land- und forstwirtschaftlichen Produktion und die Sicherung der Ernährung ab. Die zuständige Flurbereinigungsbehörde kann dazu zersplitterten oder unwirtschaftlichen ländlichen Grundbesitz nach betriebswirtschaftlichen Gesichtspunkten

Abbildung 34: Als »Wallhecken« werden von Gehölzen bewachsene, künstlich errichtete Erd- oder Steinwälle bezeichnet, die als Einfriedung und Grenzmarkierung dienten. Etwa 80 cm hohe Wallheckenreste sind heute noch nördlich des Ortes Holtrup zu sehen (P2). Die über hundertjährigen Eichen waren damals wohl schon als »Überhälter« zwischen den Sträuchern vorgesehen. Der Wall verstärkt die Windschutzwirkung der Hecke.

zusammenlegen und durch Flurbereinigungsmaßnahmen verbessern. Beteiligte sind die Eigentümer der Grundstücke im Flurbereinigungsgebiet, die betroffenen Gemeinden, Gemeindeverbände sowie Wasser- und Bodenverbände (Bork 2020). Die Kritik an den Umweltwirkungen der Flurbereinigungsmaßnahmen seitens der Landschaftspflege und des Naturschutzes war schon damals sehr umfangreich. Auch in Bücken war man sich vor über 40 Jahren der Folgen bewusst. »Die Veränderung der Landschaft infolge all der Maßnahmen im Zusammenhang mit der Flurbereinigung ist für den Betrachter sicherlich teilweise sehr bedauerlich, für die Landwirtschaft stellt sie jedoch aus vielerlei Gründen eine Notwendigkeit dar« (Habermann 1982, S. 275).

Mit dem gewachsenen Umweltbewusstsein und der wachsenden Kritik kam es 1976 zu einer Reform am FlurbG, was entsprechende Auswirkungen auf die Maßnahmen in der Landschaft hatte (Seedorf/Meyer 1996). Hierauf wird später noch mal zurückgekommen.

Es wurde in dieser Landschaftszeitreise deutlich, dass in den 1950er-Jahren die Grundlagen für eine moderne und leistungsfähige Landwirtschaft gelegt wurden, die insbesondere für die Bewirtschaftung durch moderne Agrartechnik ausgelegt ist. Prägend für diese Maßnahmen war neben dem Verschwinden der Heide und des Grünlands genauso, dass die neuen Ackerzuschnitte durch Zusammenlegung wesentlich größere Felder ergaben und damit den Anforderungen der neuen Maschinen gerecht wurden. Die Auswirkungen auf die Kulturlandschaft und das Landschaftsbild waren enorm und manifestieren sich bis in die Gegenwart.

Im Gegensatz zu den Ausschnitten in der Weserniederung konnten in diesem Raum noch die Heide- und (Rest-)Waldflächen als Allmende vorgefunden und die raumrelevante Bedeutung ihrer Auflösung für die Kulturlandschaft dargestellt werden. In der heutigen Landschaft sind Hinweise auf diese ehemalige Nutzungsform nur noch sehr vereinzelt nachzuvollziehen, etwa in Form der Wallheckenreste oder einzelner Flurbezeichnungen. Die letzten Heideflächen Bückens, Schweringens und Warpes verschwanden Mitte der 1990er-Jahre aus dem Flächenkataster (LSN 2015). Reisen wir nun in einen bis heute unbesiedelten Bereich der Region weiter, um dem Thema Moor nachzugehen.

um 2020

um 1900

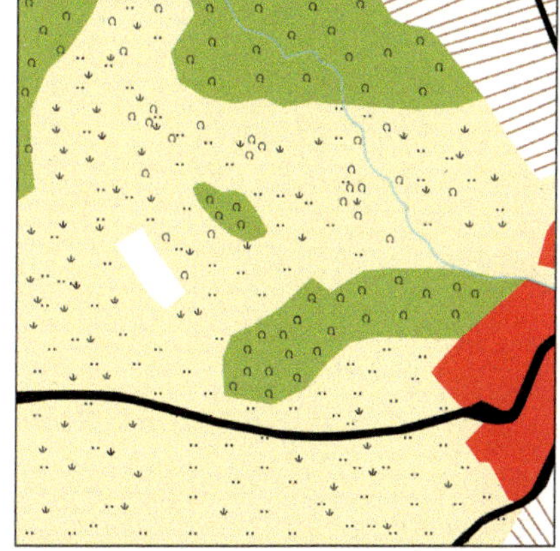

um 1770

Karte 19: Die vorherigen Karten zeigen im Überblick den Landschaftswandel auf der Niederterrasse.

Moor und Heide

Der erste Blick auf die heutige Landschaft im Kartenausschnitt »Holtruper Moor« lässt kein Moorgebiet erkennen. Vielmehr sind überwiegend Ackerland und eingestreute Feldgehölze im Gelände zu sehen. Dies gilt auch für die Bücker und Warper Heide, die noch mit den historischen Flurbezeichnungen auf die früheren Standorte hinweisen. Dass es früher südlich und nördlich der Heidestraße ein größeres Moor und Heideflächen gab, erschließt sich erst mit dem Blick auf die Landschaft vor 120 Jahren. Das Holtruper Moor hatte im 19. Jahrhundert eine Gesamtgröße von ungefähr 120 ha, wovon der Kartenausschnitt etwa 35 ha zeigt. Daneben hatten Heideflächen und vernässtes Grünland hohe Flächenanteile an der damaligen Landschaftssituation.

Der Blick in den Raum vor rund 250 Jahren zeigt, dass sich das Holtruper Moor auch auf Bereiche nördlich der Heidestraße, die Bücken mit dem Dorf Warpe verbindet, erstreckte und die Heide noch deutlich grö-

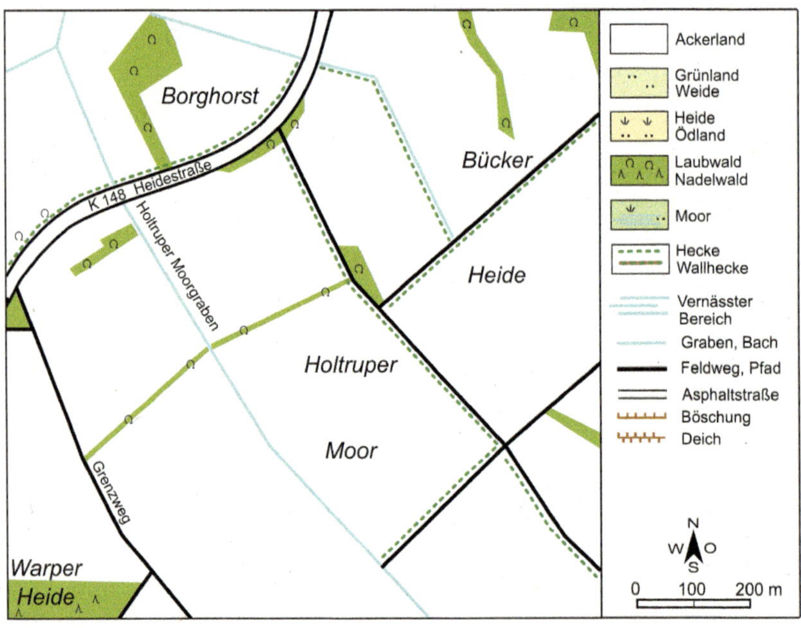

Karte 20: Flächennutzung am Holtruper Moor um 2020. Datenbasis: Digitalisierung nach TK25 (2019) und AK5 (2022), DOP (2021), z. T. verändert, Geländebegehungen.

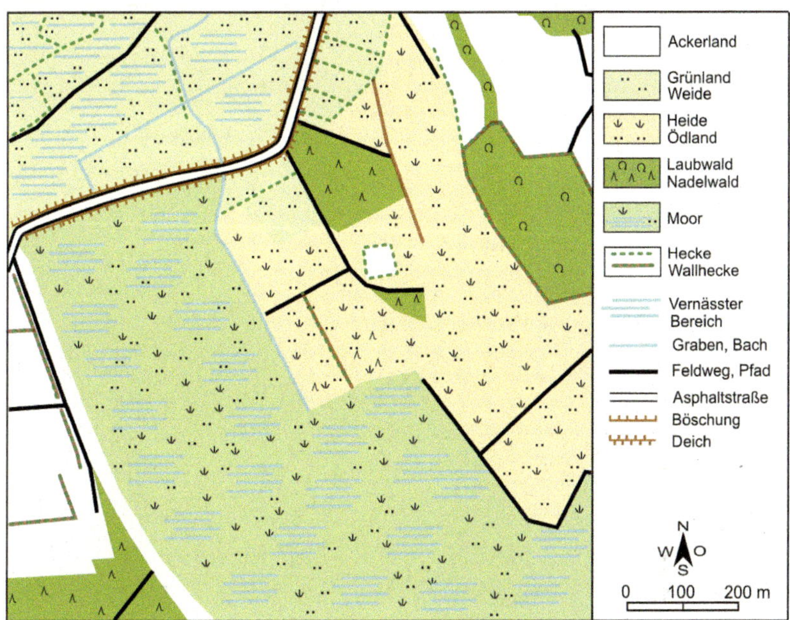

Karte 21: Flächennutzung am Holtruper Moor um 1900. Datenbasis: Digitalisierung nach PL 1898, z. T. verändert.

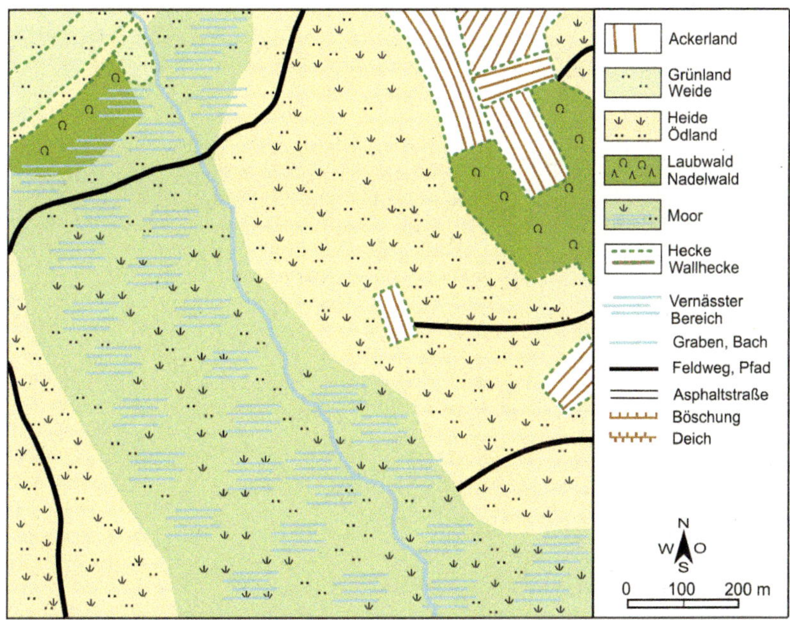

Karte 22: Flächennutzung am Holtruper Moor um 1770. Datenbasis: Digitalisierung nach KHL 1771, z. T. verändert.

ßere Flächen westlich und östlich des Moores einnahm. Die Wege und Straßen waren wie auch in der Weseraue und der Niederterrasse gering befestigt. Die Heidestraße zum Beispiel »wurde 1893 gepflastert, bis dahin lagen an den moorigen Stellen Knüppeldämme« (Voige/Schmidt 1982, S. 270). Als Fließgewässer ist die Rischlake zu nennen, der natürliche Vorläufer des heutigen Holtruper Moorgrabens, die gut zwei Kilometer südwestlich außerhalb des Kartenausschnittes entspringt. Aber warum gab es überhaupt gerade hier ein Moor?

Moore entstehen in wassergeprägten Landschaften dort, wo abgestorbene Pflanzenreste unter Luftabschluss geraten und infolge von Sauerstoffmangel und ungünstigen Lebensbedingungen für Mikroorganismen nur unvollständig abgebaut werden. Dabei gilt als wichtigste Voraussetzung für ein Moorwachstum, dass das Wasser im langfristigen Mittel nahe an, in oder über der (Erd-)Oberfläche steht (Succow/Joosten 2001). Das Holtruper Moor unterscheidet sich als Niedermoor von einem Hochmoor vor allem durch seine Entstehung. Niedermoore sind nährstoff-

Abbildung 35: Obwohl das Holtruper Moor ein Niedermoor war, sah dessen Vegetation und Oberfläche ungefähr so aus wie heute noch das »Lichtenmoor«, ein 20 Kilometer östlich gelegenes Hochmoor. Intakte Moore speichern und reinigen Niederschläge und werden deshalb auch als »Nieren der Landschaft« bezeichnet.

reich und bilden sich durch aus der Umgebung ein- oder durchfließendes Grund- und Oberflächenwasser. Hochmoore entstehen dagegen oberhalb des Grundwassereinflusses und werden nur durch nährstoffarmes Regenwasser gespeist (Ellenberg/Leuschner 2010). Niedermoore entstehen beispielsweise, wenn Seen verlanden (Verlandungsmoore), regelmäßige Überflutungen in Flussauen auftreten (Überflutungsmoore) oder durch hohen und regelmäßig schwankenden Grundwasserstand (Versumpfungsmoore). Als es am Ende der letzten Eiszeit immer noch zu sehr starken Überschwemmungen in weiten Teilen des Wesertals und der heutigen Niederterrasse kam, bildeten sich oft Hochflutrinnen und Flutmulden im Kiesbett (Lipps 1988), worunter flache Eintiefungen in der Geländeoberfläche verstanden werden, die durch Ausspülungen (Erosion) nach Abfließen des Hochwassers entstanden sind. Die leichte Geländeeintiefung solch einer ehemaligen Flutmulde, in der sich das Holtruper Moor bilden konnte, ist an den Höhenlinien der TK25 heute immer noch nachvollziehbar. Bei steigendem Grundwasser füllten sich die Flutrinnen und -mulden als Erstes und wurden konzentriert durchströmt. Genau dies geschah im Wesertal nach der letzten Eiszeit, als infolge der abschmelzenden Gletscher der Meeresspiegel anstieg und sich daraufhin der Wasserstand der Weser und des umgebenden Grundwassers hob (Liedtke/Marcinek 1995).

Nach dem Einsetzen der Bewaldung starben dann über Jahrtausende immer wieder Erlen, Weiden und Seggen des Bruchwaldes ab und bildeten langsam eine erste Torfschicht. Wahrscheinlich haben in den letzten Jahrtausenden verschiedene Faktoren auf das Moorgebiet eingewirkt. Tatsache ist, dass heute im Bereich des Holtruper Moores der mittlere Grundwasserhochstand etwa 50–70 cm unter der Geländeoberfläche liegt, nachdem die Entwässerungsgräben zu einer Absenkung des Grundwassers geführt haben (BK50 2017). In intakten Mooren liegen die Wasserstände oft zwischen 30 und 10 cm unter der Geländeoberfläche.

Die aktuelle Situation ist wegen der Grundwasserabsenkung nicht mehr mit den Bedingungen des 19. Jahrhunderts und davor zu vergleichen. Damals war die Bodenbeschaffenheit noch durch wesentlich häufigere Vernässungen geprägt. Hierzu hat auch das großflächige Roden der ursprünglichen Wälder beigetragen, denn auf Lichtungen versickert das

Abbildung 36: Der Holtruper Moorgraben entwässert das Moor an der tiefsten Stelle (P18), was im Gelände besonders bei niedrigem Bewuchs auf den Feldern gut zu beobachten ist. Hier könnte eine Wiedervernässung des Moores durch Zuschüttung des Grabens beginnen.

Wasser schneller als unter dichtem Wald, der einen Großteil des jährlichen Niederschlags verdunstet. Dies hat einerseits Auswirkungen auf das Grundwasser und begünstigt andererseits die Ausspülung und Versauerung des Bodens (Spek 1996). Neben dem Grundwasser sei auch auf die Einflüsse des Niederschlags hingewiesen, der vor allem im ausklingenden Winter zu erheblichen Vernässungen führen kann. Anfang der 2000er-Jahre kam es nach eigenen Beobachtungen letztmalig noch auf der Verbindungsstraße von Warpe nach Schweringen im Süden des Holtruper Moores (P7) zu Überschwemmungen. Das Dezemberhochwasser 2023 brachte aber erstmals seit Langem wieder erhebliche Wassermengen in den Bereich des alten Restmoores. (s. Abbildung 37, S. 121)

Der Bückener Mühlenbach, die Calle und die Graue leiten die sommerlichen Gewitterstarkniederschläge von der Geest aus einem oberirdischen Einzugsgebiet von über 90 km^2 zur Weser ab (DH 16.8.2014). Dort, wo das Gefälle geringer wurde, kam es zu regelmäßigen Überschwemmungen, was zusammen mit dem hohen Grundwasserspiegel zu günstigen Voraussetzungen für die Moorbildung führte. Der natürliche Vorläufer des Holtruper Moorgrabens, die Rischlake, unterstützte diese Entwicklung

Abbildung 37: Der südlichste Bereich des Holtruper Moores (P7) steht heute unter Naturschutz. Die Vegetation verliert immer mehr ihres ursprünglichen Moorcharakters aufgrund abnehmender Niederschläge und des abgesenkten Grundwasserspiegels (obere Aufnahme Frühjahr 2023), Bäume beginnen das Moor zu überwachsen. Beim Dezemberhochwasser 2023 (Foto unten April 2024) flossen erstmals seit Jahren wieder große Wassermengen in das kleine Restmoor, und man konnte sehen, warum Moore auch als »Nieren der Landschaft« bezeichnet werden. Sie halten Wasser länger fest und geben es dann gereinigt der Umwelt zurück. Intakte Moore können große Mengen CO_2 binden und sind Lebensraum für spezialisierte, selten gewordene Tier- und Pflanzenarten. Den Erlen macht das Wasser nichts aus, und dem Austrocknen der letzten Jahre wurde vorerst entgegengewirkt. Durch intelligentes Wassermanagement könnte das Moor mit einfachen Mitteln wieder in seiner natürlichen Entwicklung gefördert werden.

ebenfalls deutlich, da der Bach um 1770 und zuvor unmittelbar durch das Moor floss.

Die Vegetation des Holtruper Niedermoores war in der Zeit vor der Trockenlegung durchaus mit der eines Hochmoores zu vergleichen (LBEG 2001). Diese Beobachtung hängt damit zusammen, dass die sogenannte geobotanische nicht der geologischen Definition von Mooren entspricht. Das bedeutet konkret für die damalige Landschaftsgestalt, dass das Holtruper Moor vor seiner Trockenlegung von der Vegetationszusammensetzung einem Hochmoor durchaus ähnlich gewesen sein dürfte, auch wenn es sich nach der geologischen Definition um ein Niedermoor handelte. Dass hier an mehreren Stellen im südöstlichen Bereich Torf abgebaut wurde (PL25 1899), unterstreicht diese Einschätzung genauso wie die namentliche Unterscheidung von »Moor« und »Bruch« (Feuchtgebiet). Ernst August Prinzhorn berichtet (2022) von einer verdichteten Bodenschicht, dem sogenannten Ortstein, der durch Auswaschung von Feinstoffen aus oberen Schichten zur Entstehung einer tiefer gelegenen wasserundurchlässigen Schicht führt. Damit wird das schnelle Versickern des Regenwassers verzögert und die für die Moorbildung anhaltende Vernässung begünstigt, etwa nach starken Regenfällen durch Überschwemmung der Rischlake. Das Holtruper Moor war demnach vor seiner Entwässerung ein Niedermoor, welches unter dem Einfluss von Oberflächenwasser frühe Entwicklungsstufen eines jungen Geesthochmoores aufwies. Noch vor dem Ersten Weltkrieg lebten in dem damals unberührten Moor viele charakteristische Tiere dieses Lebensraumes wie zum Beispiel das Birkhuhn (Habermann 1982).

Es bleibt noch zu klären, warum weite Flächen der ursprünglichen Warper Heide (s. Karte 1) heute als größtes zusammenhängendes Waldgebiet der Region von Kiefernwald bedeckt sind. Hier kann an die Beobachtungen in den vorherigen Kapiteln angeknüpft werden, da als Erklärung wieder ein anderer Umgang mit dem Wald zugrunde liegt. Für die ausgelaugten, »abgeplaggten« Heidesandböden sollten ursprünglich großräumige Wiederaufforstungen mit Laubholz Schutz vor weiteren Sanddünenbildungen bieten und zugleich der Holzknappheit entgegenwirken. Nach den ersten vergeblichen Versuchen ging man aber zum Nadelholzanbau über, der vor allem mit Kiefern größeren Erfolg zeigte. »So entstanden die umfangreichsten Kiefer-Monokulturen dann auch in den ausgesprochenen Sandgebieten Nordwestdeutschlands« (Pott/Hüppe 1991, S. 58).

Abschließend kann für diesen Landschaftsausschnitt festgehalten werden, dass die Trockenlegung im Holtruper Moor um 1920 Wirkung zeigte, nachdem erste Entwässerungsgräben Ende des 19. Jahrhunderts angelegt worden waren. Nachdem das Moor 1922 unter den drei Anliegergemeinden Bücken, Holtrup und Warpe aufgeteilt worden war (Habermann 1982), erfolgte dann die Bewirtschaftung als Grünland. Dies entspricht dem Trend der schnelleren Moortrockenlegung, der nach dem Ersten Weltkrieg in ganz Deutschland einsetzte, »weil die Deutschen sich nach dem Versailler Vertrag zunehmend als ›Volk ohne Raum‹ betrachteten, so dass es auf jeden kultivierten Morgen Land ankam« (Blackbourn 2008, S. 13).

Während in der TK25 von 1898 das Moor noch in vollem Umfang wie in der Ausgabe von 1770 verzeichnet ist, weist die Ausgabe von 1955 erst-

Abbildung 38: Wo das Moor zu Ackerland umgenutzt wurde und als Wasserspeicher fehlt, fließt der Niederschlag sehr schnell in Entwässerungsgräben zum Fluss und lässt hier die Pegel zügig ansteigen. Beim Dezemberhochwasser 2023 führte der Moorgraben erstmals nach den trockenen Jahren wieder für einige Wochen Wasser. Bei einer Wiedervernässung hätten hier größere Teile des Moores wichtige Impulse für eine Renaturierung erhalten können, so wie es in anderen Regionen schon passiert.

Abbildung 39: Blick aus Richtung Osten auf den Zentralbereich des ehemaligen Holtruper Moores (P18). Wo vor 100 Jahren ein feuchter Moorgrund war, müssen im Sommer 2023 Kartoffelpflanzungen beregnet werden. Der Wassersprühnebel ist in der Bildmitte zu erkennen.

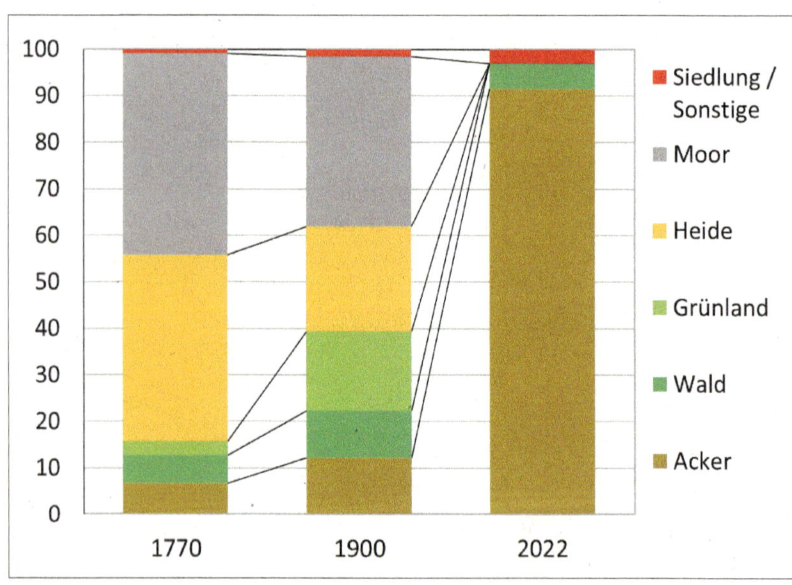

Abbildung 40: Veränderung der Flächennutzung von 1770 bis 2022 im Ausschnitt des Holtruper Moores. Datenbasis: eigene Flächenberechnungen auf Grundlage der digital erfassten Landschaftsausschnitte.

Karte 23: Die vorherigen Karten zeigen im Überblick den Landschaftswandel im Holtruper Moor.

mals eine zusammenhängende Wiese aus, in deren Mitte nun schnurgerade der Holtruper Moorgraben als zentraler Entwässerungsgraben verläuft. Dieser wird wiederum durch Gräben gespeist, die aus östlicher und westlicher Richtung die Entwässerung in der Fläche übernehmen. In den nachfolgenden Jahrzehnten wurden diese Grünlandbereiche in Parzellen aufgeteilt. Die in den 1970er- und 1980er-Jahren noch dominierenden Wiesen und Weiden wurden von Landwirtinnen und Landwirten nach und nach zugunsten der Ackerflächen umgebrochen, was mit den bereits beschriebenen Beobachtungen und Ursachen zum Flächenverbrauch zusammenhängt und in Einklang mit den vorherigen Landschaftsausschnitten steht. Noch im Jahr 2009 wurden in dem 100 Hektar großen Landschaftsausschnitt auf rund 16 Hektar Grünlandflächen bewirtschaftet, gut zehn Jahre später sind sie restlos zu Ackerflächen umgenutzt. Der Trend zur Umwandlung von Dauergrünland zu Ackerfläche gilt für alle landwirtschaftlichen Nutzflächen in diesem Mittelwesertalausschnitt. So nahmen zwischen 2001 und 2020 in Bücken, Schweringen und Warpe die Dauergrünlandflächen von 855 auf 489 Hektar ab (LSN 2020 Tabelle K6080A14 und LSN 2001).

Die letzten zwei Hektar Moorfläche verschwanden bereits Mitte der 1990er- Jahre aus dem Flächenkataster (LSN 2015). In den vergangenen Jahren ist zudem immer häufiger zu beobachten, dass dieser Restfläche nicht mehr genug Oberflächenwasser zugeführt wird. Selbst der südliche Teil des Moorgrabens führt nach dem Winter kein oder kaum Wasser mehr. Ob die Entwicklung vom »Restmoor« zum Wald auch in den kommenden Jahren anhalten wird, muss abgewartet werden. Die großen Niederschläge, die zum Weserhochwasser im Dezember 2023 führten, haben zunächst wieder zu einer Durchnässung geführt und die Situation vorerst entspannt.

Talrand mit Bruchwald und Feuchtwiese

Die letzte Landschaftszeitreise führt an den Übergang vom Wesertal zur Geest, welche am Westrand des Kartenausschnitts beginnt. Wie in den vorherigen Ausschnitten dominieren auch in der heutigen Landschaft am Geestrand die Ackerflächen. Im Südwesten und in der Mitte sind kleinere Waldflächen und Grünlandbereiche zu erkennen.

Im Unterschied zu den anderen Ausschnitten fallen mehrere Hochspannungsleitungen auf, die von Norden nach Süden die Landschaft durchqueren. Die Flurbezeichnungen »Bruch« und »Moor« weisen darauf hin, dass es auch in diesem Gelände früher andere Nutzungen gegeben haben muss. Im Vergleich zu den vorherigen Ausschnitten ist die Vielzahl der Gräben augenfällig.

Der Blick in die Landschaftssituation am Ende des 19. Jahrhunderts bestätigt sofort die Vermutung, dass die Gräben gezielt zur Entwässerung des »Bruches« angelegt wurden. Die Landschaft sah deutlich anders aus, damals dominierten Grünlandflächen, die mit einigen Heide- und Waldflächen abwechselten. Die Hecken deuten wieder darauf hin, dass ein Teil des Grünlands als Weidefläche genutzt wurde, während die nicht von Hecken umgebenen Flächen wohl überwiegend als Heuwiesen oder der Schäferei dienten.

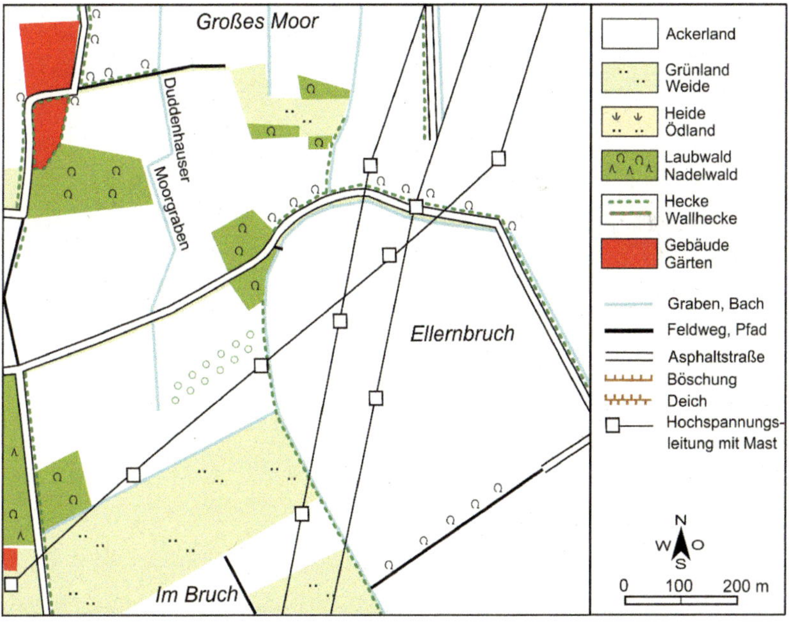

Karte 24: Flächennutzung am Wesertalrand um 2020. Datenbasis: Digitalisierung nach TK25 (2019) und AK5 (2022), DOP (2021), z. T. verändert, Geländebegehungen.

Abbildung 41: Landschaftsausschnitt am Übergang von der Niederterrasse zur Geest, die im linken Bildrand durch die zahlreichen Waldgebiete gekennzeichnet wird. Etwas außerhalb des rechten Bildrandes beginnt der Westrand Bückens.

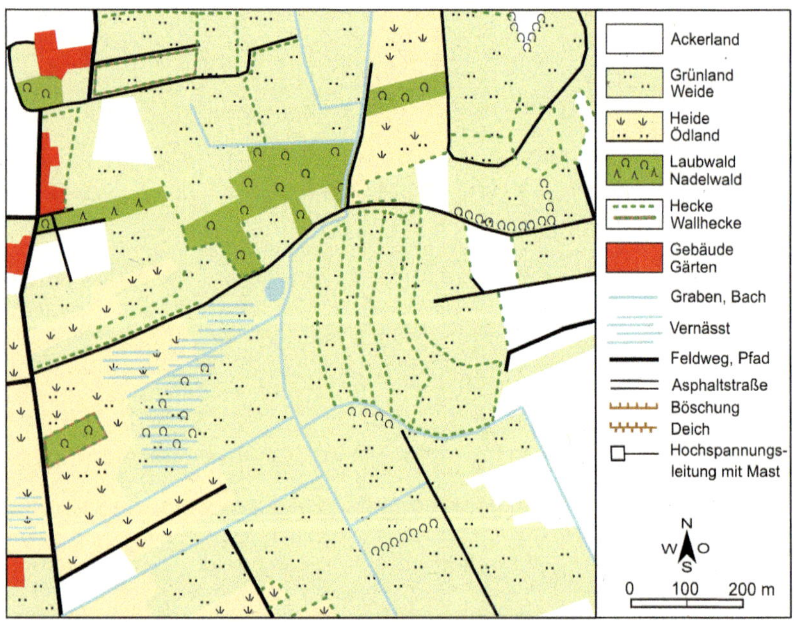

Karte 25: Flächennutzung am Wesertalrand um 1900. Datenbasis: Digitalisierung nach PL 1898, z. T. verändert.

Nicht nur die Gräben, sondern auch die Wege wurden massiv ausgebaut. Dies zeigt der Vergleich mit dem Zustand im 18. Jahrhundert. Die entwässernde Wirkung der Gräben wird im deutlichen Rückgang der Feuchtwiesen im Süden und der Moorflächen im nördlichen Bereich offensichtlich.

Wiederum führt der Vergleich mit der Flächennutzung im 18. Jahrhundert die Intensität der Agrarreformen vor Augen. Aufgrund der Vernässungen, die im »Bückener Bruch« vorherrschten, war hier landwirtschaftliche Nutzung auf den meisten Flächen nicht oder nur sehr eingeschränkt möglich. Wahrscheinlich konnte zumindest in trockeneren Phasen eine Koppelhaltung auf den Heideflächen für Schafe stattfinden. Die Wasserspeisung durch die höher gelegene Geest (Meisel 1959) führte in Verbindung mit dem ohnehin hohen Grundwasserstand auf der Niederterrasse zu einer oberflächennahen Vernässung (»Bruch«) und ließ erst etwa einen halben Kilometer östlich Grünlandnutzung zu.

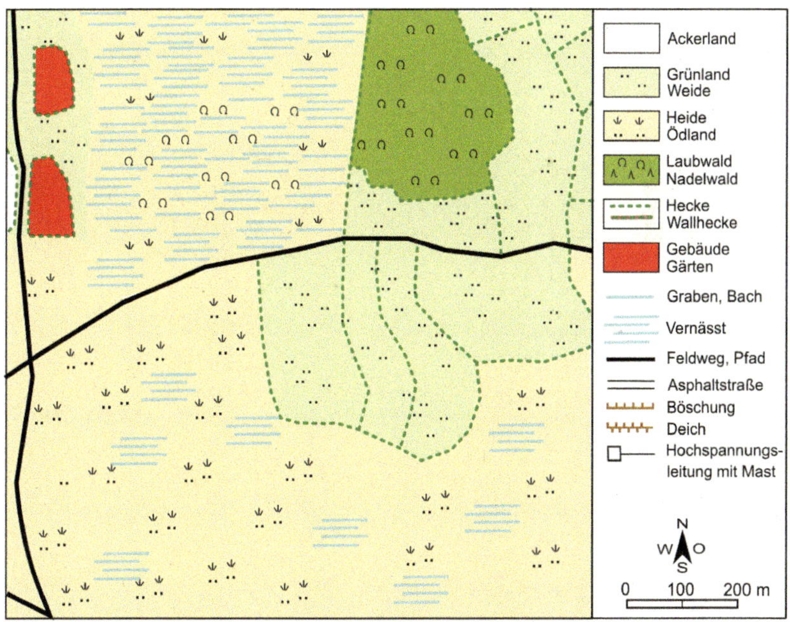

Karte 26: Flächennutzung am Wesertalrand um 1770. Datenbasis: Digitalisierung nach KHL 1770, z. T. verändert.

Dass die Entwässerungsgräben nicht nur unmittelbar nach ihrem Bau besonders effizient auf die Senkung des Landschaftswasserhaushaltes wirkten, sondern auch noch bis in jüngere Zeit, zeigt das Beispiel der Erlen im kleinen Waldstück ungefähr in der Kartenmitte.

Noch Anfang der 2000er-Jahre stand hier nach eigenen Beobachtungen vor allem im Winter das Wasser regelmäßig bis zu 30 cm hoch an den Bäumen. Ernst August Prinzhorn (2022) berichtet von eigenen Erfahrungen aus den 1960er-Jahren, als nach starken sommerlichen Gewittern regelmäßig die Rinder von den Weiden geholt werden mussten, da der Bückener Mühlenbach mit den Zuflüssen Calle und Graue für Überschwemmungen sorgte.

Trockenere Sommer und ein seit Jahrzehnten abfallender Grundwasserspiegel ließen die Böden an Volumen verlieren, sodass die tiefgehenden Wurzeln der Schwarzerlen heute als »Stelzwurzeln« sichtbar werden. Sinnvoll wäre sicherlich ein Erhalt dieser Restwaldfläche, denn »intakte Erlenbrüche sind in Folge der Entwässerung selten geworden und gelten als die am stärksten gefährdete Waldgesellschaft Mitteleuropas« (Aas 2004, S. 7).

Abbildung 42: Die Grundwasserabsenkung führt zu Volumenverlusten in den oberen Bodenschichten und macht die Stelzwurzeln der Erle sichtbar. Sie reichen tief und geben dem Baum im überfluteten, weichen Untergrund Standfestigkeit. Seit den frühen 2000er-Jahren gab es am Restbruchwäldchen bei Duddenhausen (P14) kein Hochwasser mehr. Die Winterniederschläge 2023/24 sorgten allerdings wieder für eine temporäre Vernässung.

Zusammenfassend ist für die Betrachtung der Teillandschaft Wesertalrand festzuhalten, dass sowohl die Veränderungen im Zeitraum von 1770 bis 1898 als auch die des 20. Jahrhunderts sehr umfangreich waren. Die größten Nutzungsänderungen erfolgten wiederum in den 1960er- und 1970er-Jahren. Der starke Rückgang der Grünlandflächen zugunsten der Ackerflächen, der Wege-, Graben- und Stromtrassenbau sind in den Ausgaben der TK25 von 1955, 1972 und 1985 gut dokumentiert. Der Umbruch des Grünlands beschleunigte sich ebenfalls ab den 1980er-Jahren, bis in den frühen 2000er-Jahren die heutige Dominanz an Ackerflächen in etwa erreicht war.

Wie auch schon in den beiden Landschaftsausschnitten bei Holtrup und im Holtruper Moor hinterlässt der Vergleich der Karten durchaus den Eindruck, als handele es sich um verschiedene Landschaftsräume. Dabei ist es immer derselbe Raum, nur mit völlig veränderter Nutzungsstruktur zu einer anderen Zeit. Warum der Begriff »(Kultur)Landschaftswandel« berechtigt ist, dürfte damit spätestens an dieser Stelle beant-

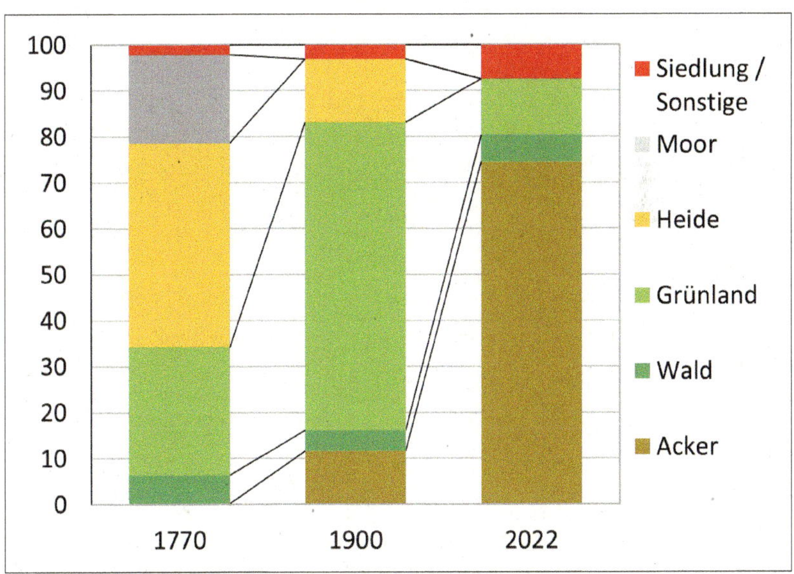

Abbildung 43: Veränderung der Flächennutzung von 1770 bis 2022 im Ausschnitt Wesertalrand. Datenbasis: eigene Flächenberechnungen auf Grundlage der digital erfassten Landschaftsausschnitte.

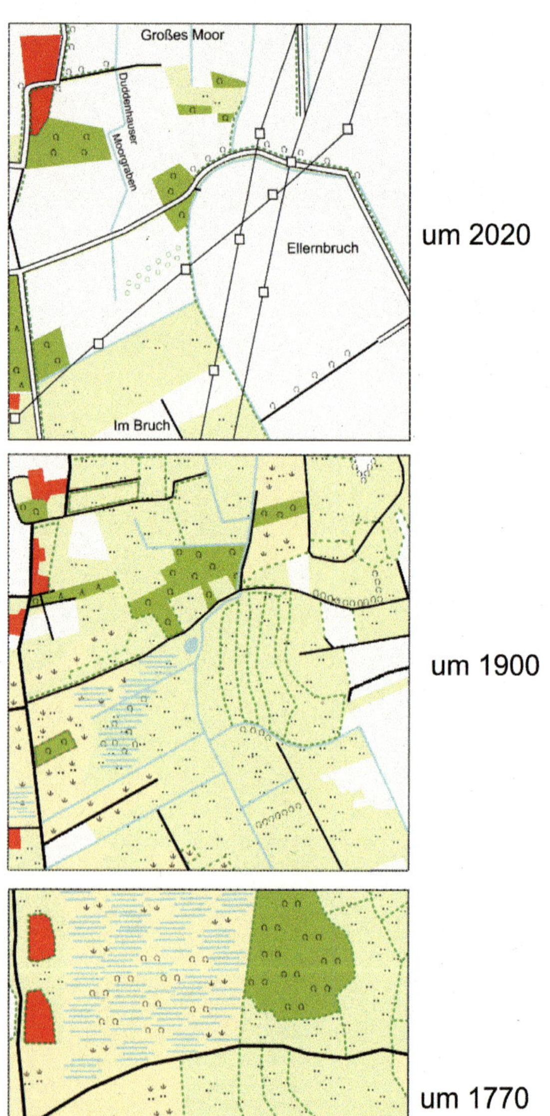

Karte 27: Die vorherigen Karten zeigen im Überblick den Landschaftswandel am Wesertalrand. Daten: eigener Entwurf, Erläuterung im Text.

wortet sein. Die Flächenbilanz zeigt auch hier, dass die Gewinnung von Wirtschaftsflächen zuerst durch die Umnutzung der Heide in Grünland und anschließend die Gewinnung von Ackerland über das Umbrechen des Grünlands erfolgte. Parallel zu diesem Prozess gelang eine dauerhafte und intensive Bewirtschaftung bisheriger Bruchflächen durch die Anlage von Entwässerungsgräben, was an die Veränderungen im Moor erinnert. Die geringere Wasserverfügbarkeit dürfte in Zukunft sicher Auswirkungen auf die Baumartenzusammensetzung haben, da zum Beispiel Eichen anfangs besser mit anhaltend trockeneren Verhältnissen zurechtkommen als Erlen oder Weiden.

Spätestens nach den letzten fünf Kapiteln stellt sich die Frage, wie Art und Umfang des beschriebenen Kulturlandschaftswandels aus heutiger Sicht zu bewerten sind. Reicht es für Antworten schon aus, vorwiegend auf die quantitativen Aspekte der Nutzungsänderungen zu schauen und festzustellen, dass sich das Landschaftsbild in 250 Jahren stark gewandelt hat? Was steckt hinter der Feststellung, dass heute im Mittelwesertal und weiten Teilen Deutschlands wesentlich intensiver gewirtschaftet wird als noch vor wenigen Jahrzehnten? Können wir dafür in der Region mit konkreten Beobachtungen vor Ort zu möglichen Antworten beitragen? Wenn ja, wie sehen sie aus? In den folgenden Kapiteln wird nach Antworten auf diese Fragen gesucht.

Landschaft und Mensch

Zeitliche und historische Einordnung

Der Blick auf die Landschaftsentwicklung an der Mittelweser zeigt, dass die Region seit dem Ende der Eiszeit vielseitige Veränderungen durchlaufen hat. Seit der Sesshaftwerdung vor mehr als 5.500 Jahren, was immerhin mehr als 240 Generationen entspricht, hat der Mensch hier die Landschaft geprägt. Dabei gab es intensivere Phasen mit einer Zurückdrängung des Waldes durch menschliche Landschaftsnutzung und extensivere Phasen, die zu einer Rückkehr weitgehend natürlicher Landschaftsverhältnisse geführt haben.

Sehr oft hatten klimatische Schwankungen den Ausschlag für diese unterschiedlichen Phasen sowie ihre Auswirkungen auf die Landschaft und die Entwicklung der dort lebenden Bevölkerung gegeben. Mit dem Beginn der Neuzeit und dem Entstehen der modernen Wissenschaften wurde die Voraussetzung für eine bis heute andauernde Kaskade von *technischen* und *landschaftsverändernden Innovationen* geschaffen. Mit ihr ge-

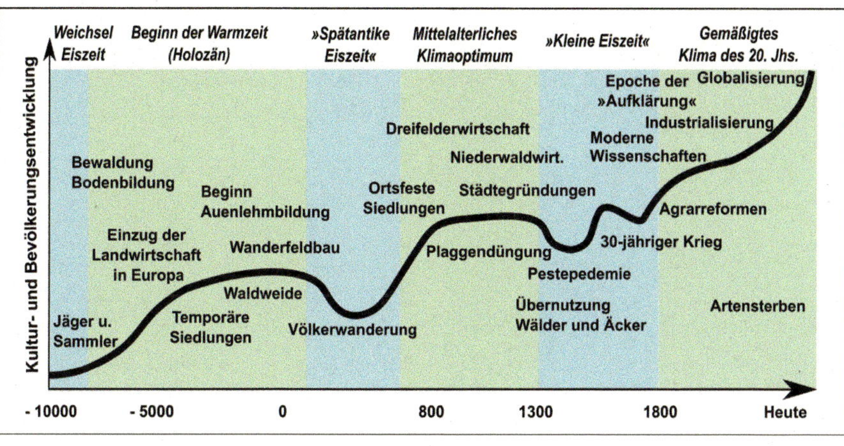

Abbildung 44: Vereinfachte Darstellung der Wechselwirkungen zwischen der Entwicklung von Bevölkerung/Gesellschaft (Linie), Landschaft und Klima seit dem Ende der Eiszeit.

lang (fast) eine völlige Loslösung von den naturräumlichen Vorgaben und klimatischen Schwankungen, die die Entwicklung der Gesellschaften bis dahin immer prägten. Die Intensivierung des Ackerbaus führte in der zweiten Hälfte des 18. Jahrhunderts zunächst zur verbesserten Dreifelderwirtschaft und zum Anbau neuer Pflanzensorten. Die Erweiterung der Anbauflächen durch die Kultivierung von Öd- und Brachland etwa durch die Trockenlegung von Sümpfen oder Entwässerungsgräben beeinflusste auch die Landschaftsentwicklung im Wesertal. Die Industrialisierung beschleunigte im 19. Jahrhundert die Ausdehnung des Futteranbaus und erweiterte die Stallfütterung auf das ganze Jahr. Die Auflösung der Allmende führte zu völlig neuen Flächennutzungsstrukturen und Änderungen im Landschaftsbild. Die planmäßige Zuchtverbesserung und Ertrags-

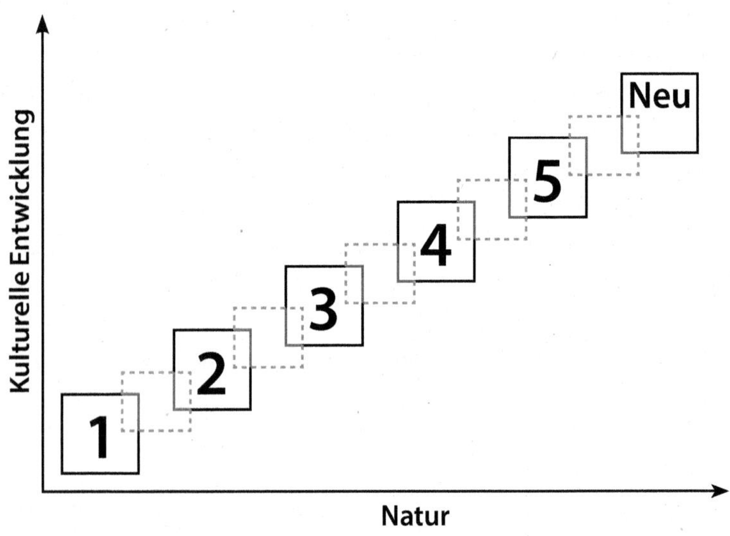

Abbildung 45: Die sich ständig verändernde Natur und die kulturelle Entwicklung führen über Zwischenstufen (gestrichelte Kästen) zu immer neuen Landschaftssystemen.
Landschaftssystem (L.) 1 = Urlandschaft ohne Ackerbau, Jäger u. Sammler.
2 = L. mit Ackerbau und temporären Siedlungen.
3 = L. mit ortsf. Siedlungen, Ackerbau, Waldweide, Heide, Plaggenwirtsch.
4 = L. nach den Agrarreformen des 19. Jahrhunderts.
5 = L. der Gegenwart mit effizienter und durchgeplanter Raumnutzung.
Neu = L. der Zukunft mit dem Leitbild einer nachhaltigen Entwicklung?
Datenbasis: eigener Entwurf, verändert nach Küster 2011.

steigerung des Viehbestandes und schließlich die Mechanisierung durch technische Erfindungen wie Maschinen oder Werkzeuge wirkten sich vor allem ab Mitte des 20. Jahrhunderts mit den Flurbereinigungen auf das Landschaftsbild aus. Der vermehrte Einsatz von natürlichen und agrochemischen Mitteln und der damit verbundene Beginn der Düngerwirtschaft hatte in den zurückliegenden Jahrzehnten vor allem Auswirkungen auf die Bodenchemie und die Artenvielfalt insbesondere auf den Ackerfluren, was nachfolgend noch genauer betrachtet wird.

Wie lässt sich nun diese dynamische und über 12.000 Jahre dauernde Landschaftsentwicklung so überschaubar zusammenfassen, dass der gegenwärtige Landschaftszustand einzuordnen ist? Um Antworten zu finden, helfen vereinfachte Modellvorstellungen.

In seinen »Modellen von kulturellen Strukturen« geht der Geograph Hans Bobek (1959, S. 261 ff.) davon aus, dass es grundsätzliche Zusammenhänge zwischen gesellschaftlichen Organisationsformen und den räumlichen Rückkopplungen gibt. Neuere Sichtweisen ergänzen dieses Verständnis, indem sie Landschaften als Systeme bezeichnen (Abbildung 45, S. 136). Dabei werden die Wechselwirkungen zwischen den natürlichen Faktoren (Böden, Klimazonen usw.) und den menschlichen Einflüssen auf die Landschaft betrachtet (Leser/Löffler 2017, Küster 2011).

Ein vom Autor entwickeltes Modell knüpft an diese Vorstellungen an und erweitert das Konzept in einem sogenannten Impulsmodell (Abbildung 46, S. 138).

Stark-Impulse für die Landschaftsentwicklung

Die Grundidee dafür ist der reduzierte Blick auf die bedeutendsten Veränderungsprozesse der Landschaftsentwicklung. Sie werden in Beziehung zu herausragenden Entwicklungsimpulsen gesetzt (Stark-Impulse), um so den langen Zeitraum von 12.000 Jahren besser erfassen und verstehen zu können. Die Stark-Impulse können wie folgt in Bezug zur Landschaftsentwicklung gesetzt werden:

Die nacheiszeitlichen klimatischen Veränderungen führten zu einer dauerhaften Anhebung der Durchschnittstemperaturen von etwa zehn Grad Celsius und veränderten binnen weniger Jahrhunderte die Landschaft in Mitteleuropa grundlegend. Dieser erste starke Impuls (Klimaimpuls) war global und wirkt mit gewissen Schwankungen bis heute nach. Er schuf unter anderem die naturräumlichen Voraussetzungen dafür, dass sich die Erfindung der Landwirtschaft (vor 12.000 Jahren) vor rund 5.800 Jahren im Mittelwesertal etablierte (Agrarimpuls). Dieser zweite Stark-Impuls war in seiner Wirkung ebenfalls global und ist bis heute relevant.

Im 8./9. Jahrhundert kam es durch die Einführung von ortsfesten Siedlungen zu einem dritten Stark-Impuls für die Landschaftsentwicklung, der weltweit bis heute nachwirkt (Siedlungsimpuls). Etwa 800 Jahre später nahm die Geschichte »die bislang folgenschwerste Wende, die nicht nur das Schicksal der Menschheit in neue Bahnen lenkte, sondern vielleicht sogar das Schicksal des Lebens selbst« (Harari 2013, S. 298). Mit dem Zeitalter der Entdeckungen setzte eine wissenschaftliche Revolution ein, denn sie führte unter anderem mit den Agrarreformen, der Industrialisierung und Technisierung zu der modernen Landschaft der Gegenwart. Die intensiven Folgen dieses Wissenschaftsimpulses lassen sich in den Karten

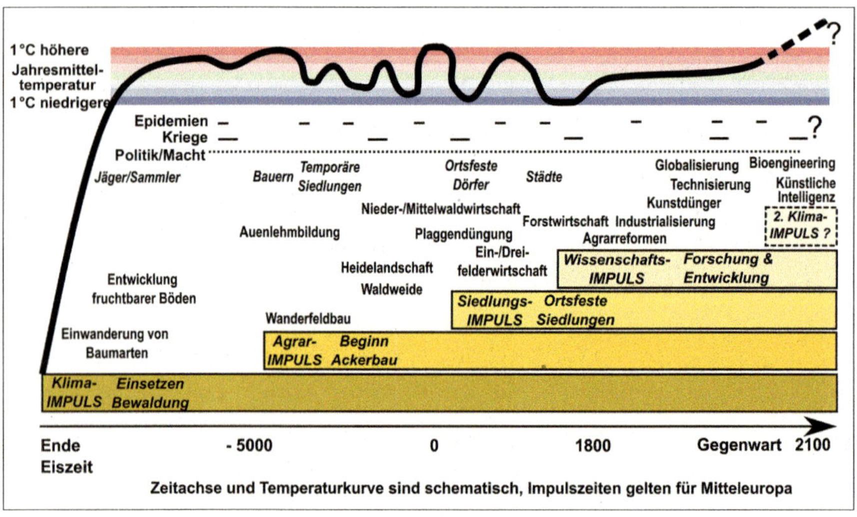

Abbildung 46: Graphische Darstellung des Impulsmodells. Schematisch werden die Beziehungen zwischen den vier Stark-Impulsen der Landschaftsentwicklung und ausgewählten Innovationen, Prozessen und klimatischen Schwankungen verdeutlicht. Datenbasis: eigener Entwurf. Erläuterung im Text. Klimakurve schematisch nach Behringer 2010 verändert.

ab 1770 bereits nachvollziehen und wurden in den Landschaftszeitreisen genauer betrachtet. Die wissenschaftliche Revolution war ebenfalls global und wirkt bis in die Gegenwart, weshalb sie als vierter Stark-Impuls der Landschaftsentwicklung gezählt wird. Jeder Impuls führte zu nachgelagerten Innovationen, die wiederum zu umfangreichen und landschaftsverändernden Entwicklungsprozessen wie Waldweide, Städtegründungen, Industrialisierung usw. führten.

Jeder Stark-Impuls der Landschaftsentwicklung ist durch folgende Kriterien gekennzeichnet:

- Intensität: »Grundlegende Veränderung« des natürlichen Zustands (Klima) oder im Vergleich zum Bisherigen eine überragende (menschengemachte) Neuerung.
- Zeit: »Einführungszeit« von einigen Jahrhunderten.
- Dauerhaftigkeit: »Anhalten« der Wirkung bis in die Gegenwart.
- Folgewirkung: Impuls schafft Voraussetzungen für weitere Entwicklungen.
- Globalwirkung: Globale natürliche Wirkung (Klima) oder »kontinentale/globale Übernahme« der Neuerung.

Die von Peter Poschlod (2017) als »Steuerungsfaktoren der Landschaftsentwicklung« bezeichneten Parameter wie klimatische Schwankungen, Epidemien und Kriege sowie (macht-)politische Entscheidungen werden in Abbildung 46 mit den Stark-Impulsen in Beziehung gesetzt. Die Steuerungsfaktoren sind in der Modellvorstellung den Stark-Impulsen in ihrer Wirkung auf die Landschaftsentwicklung nachgelagert, da sie oft räumlich und/oder zeitlich begrenzter waren und nicht so intensiv bzw. ursächlich durchschlagend für die Landschaft sind. Sie wirken aber sehr wohl für eine gewisse Zeit abschwächend oder verstärkend auf die Flächennutzung und damit auf die Landschaftsentwicklung. Selbst länger anhaltende klimatische Ungunstphasen wie die mittelalterliche Kleine Eiszeit oder der Dreißigjährige Krieg waren in ihren landschaftsprägenden Auswirkungen nicht so bedeutend wie die hier beschriebenen Stark-Impulse.

Das Klima spielt in dem Modell also eine Doppelrolle: Es war in den letzten Jahrtausenden mit seinen Schwankungen ein bedeutender Steuerungsfaktor und mit dem enormen Temperaturanstieg am Ende der Eiszeit gleichzeitig ein Stark-Impuls.

Ein global wirkendes Ereignis wie der Ausbruch des Vulkans Tambora 1815 in Indonesien führte zwar 1816 als »Jahr ohne Sommer« zu weltweiten Missernten und großer Not, war aber in seiner Wirkung zeitlich begrenzt und deshalb kein Stark-Impuls für die Landschaft.

Bei dieser Definition ist der hohe Stellenwert der Veränderungsintensität der Impulse hervorzuheben. Sie wirken prinzipiell immer den vorher herrschenden Bedingungen entgegen. Der Eiszeit folgte die Warmzeit, den umherziehenden Jägern und Sammlern folgten temporär sesshafte Bauernfamilien, die nach einigen Jahrzehnten wechselnden Siedlungen wurden von ortsfesten Siedlungen abgelöst, und die »Vormoderne Zeit« wurde durch Neuzeit und Aufklärung abgelöst. Aber warum ist die industrielle Revolution kein Stark-Impuls? Weil sie ein Prozess ist, der einen Anfang und ein Ende hat. Sie ist durch das wissenschaftlich-technische sowie das Informationszeitalter abgelöst worden (Schenk 2011, Harari 2018), die ebenfalls Prozesse und deshalb keine Impulse sind.

Die hier vorgestellten Modelle zeigen die Zusammenhänge zwischen den natürlichen Faktoren und dem menschlichen Wirken auf und verdeutlichen damit, wie es zur ständigen Veränderung der Landschaft kommt. Erst die modellhafte Vereinfachung macht deutlich, was damit gemeint ist, dass der Mensch aus der Natur- eine Kulturlandschaft macht. Es sind nicht etwa kurze Abschnitte von wenigen Jahrzehnten oder einzelne Ereignisse wie Pestepidemien, Vulkanausbrüche oder Weltkriege, die eine Landschaft dauerhaft wandeln. Es sind langfristig wirkende Einflüsse und sich durchsetzende (technologische) Innovationen in der menschlichen Lebens- und Wirtschaftsweise, die die Landschaft formen. Es sind aber auch die zeittypischen Leitbilder, Wertvorstellungen und Verhaltensweisen, die damit eng verbunden sind. Vor allem auf die Bedeutung von Verhalten und Wertvorstellung wird deshalb später nochmals eingegangen.

Das Impulsmodell ermöglicht es zwar, den Zeitraum von über 12.000 Jahren Landschaftsentwicklung zusammenzufassen und zu erklären, warum die Landschaft heute so aussieht, wie sie aussieht und welche Hauptkräfte dafür bis heute ausschlaggebend sind. Allerdings wird daraus nicht deutlich, welche ökonomischen und ökologischen Aspekte mit dem jüngeren Kulturlandschaftswandel der vergangenen 250 Jahre verbunden sind. Insbesondere auf die ökologischen Folgen wird bei den meisten landschaftskundlichen Veröffentlichungen hingewiesen (z. B. Hampicke 2018, Küster 2010/2017, Poschlod 2017, Seitz 2017, Seedorf/Meyer 1996), weshalb sie im Folgenden auch für die Mittelweserregion zusammengefasst werden. Die Verknüpfung mit den wirtschaftlichen Aspekten bietet sich dabei an, da hier sehr enge ursächliche Zusammenhänge bestehen.

Ökonomische und ökologische Aspekte

Die jüngere Kulturlandschaftsentwicklung im Wesertal hat gezeigt, dass die Flächennutzung insbesondere durch die Zunahme landwirtschaftlicher Nutzflächen gekennzeichnet ist. Dies gelang anfänglich durch die Abnahme der Heide- und Moorflächen und im 20. Jahrhundert mit dem

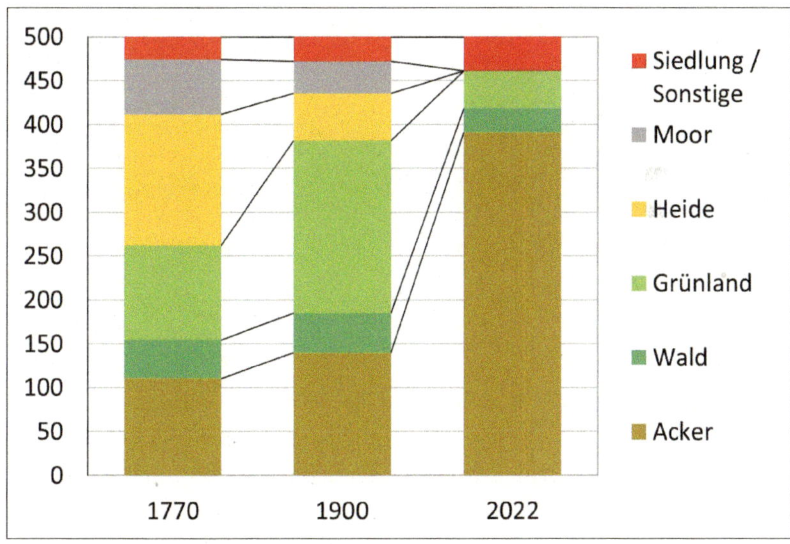

Abbildung 47: Die Veränderung der Flächennutzung in den letzten 250 Jahren in den fünf 100-Hektar-Ausschnitten im Wesertal. Datenbasis: eigene Flächenberechnungen auf Grundlage der digital erfassten Landschaftsausschnitte. Angaben in Hektar.

Umbrechen des Dauergrünlands zu Ackerflächen. Abbildung 47 zeigt die Gesamtbilanz der wichtigsten Flächennutzungsänderungen während der letzten 250 Jahre in den fünf behandelten Landschaftsausschnitten.

In Abbildung 48 werden die wichtigsten Flächennutzungen für den gesamten 90 km²-Ausschnitt des Wesertals von 1770 bis 2020 gegenübergestellt. Dabei bestätigen sich erwartungsgemäß die Ergebnisse der fünf Teilausschnitte. Nur durch die Erschließung der Moore und Heiden konnten zunächst im 19. Jahrhundert mehr Acker-, Grünland- und Waldflächen gewonnen werden, was sich gerade in den Ausschnitten der Niederterrasse, dem Moor und Wesertalrand in extremen Landschaftsveränderungen äußerte. Im letzten Jahrhundert war dann der anhaltende Bedarf an zusätzlichem Ackerland nur durch die Umnutzung des Dauergrünlands möglich, welches aktuell immer noch stark rückläufig ist. Die ohnehin schon kleinen Heide- und Moorflächen sind Anfang des 21. Jahrhunderts verschwunden. Die verschiedenen Landschafts- und Luftbildaufnahmen zeigen deutlich, wie sich die beschriebenen Nutzungsänderungen auf das

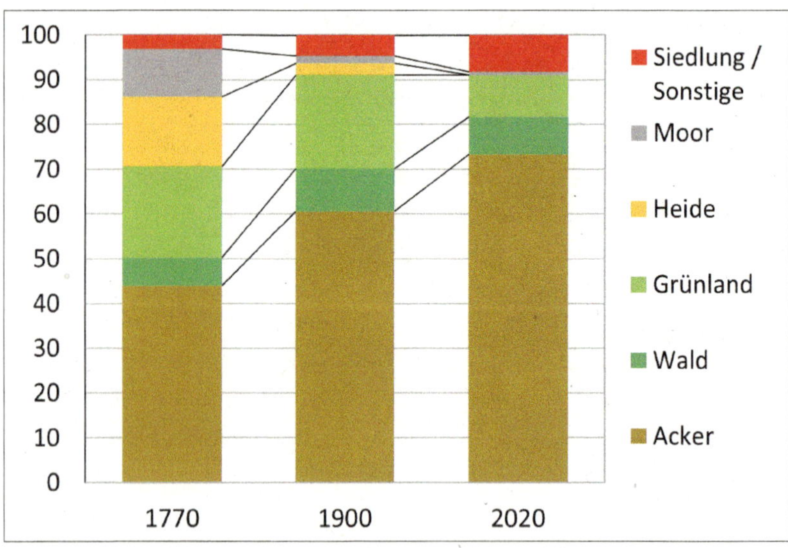

Abbildung 48: Die Veränderung der Flächennutzung in den letzten 250 Jahren im 90-km²-Ausschnitt des Mittelwesertals. Datenbasis: Eigene Flächenberechnungen auf Grundlage der digital erfassten Regionskarte (Flächengröße ca. 88 km²). Angaben in Prozent.

Aussehen der heutigen Kulturlandschaft ganz konkret auswirken. Die Annahme, dass die Landschaft in naher Zukunft nur noch aus Acker, Wald und Siedlungen mit Verkehrswegen bestehen könnte, liegt nahe. Nicht zuletzt spiegelt sich damit an der Mittelweser auch der eingangs beschriebene Bundestrend bei der Flächennutzung wider.

Auch die Zusammensetzung der heute angebauten Nutzpflanzen hat sich in den letzten sechzig Jahren deutlich verändert. Dominierten damals noch in vielen Wesertalgemeinden auf rund 80 Prozent der Ackerflächen der Getreideanbau, daneben Kartoffeln (5 %) sowie Zucker- und Futterrübe (10 %) (Bockhop 1967), ist heute der Anteil der Getreideflächen geringer, was sich durch die Zunahme von Maisanbauflächen erklären lässt. Die Angaben schwanken dabei von Gemeinde zu Gemeinde vor allem aufgrund der Bodenverhältnisse deutlich. So wurde zum Beispiel 2019 in Warpe auf 40 Prozent der Ackerflächen Mais und auf 32 Prozent Getreide angebaut, auf den ertragreicheren Böden der Lehmplatte und in der Weseraue dagegen nur auf neun Prozent Mais und auf 58 Prozent Getreide, in Schweringen auf 23 Prozent der Flächen Mais und auf 53 Prozent Getreide (Berechnungen nach LSN 2020 Tabelle K6080A14). Auch hiermit sind wieder sichtbare Rückwirkungen für das Landschaftsbild verbunden und bestätigen den allgemeinen Trend auf Bundesebene, denn die erhöhte Nachfrage nach Mais führt zu einem vermehrten Umbruch von Ackerland. Während in Deutschland seit 1991 ca. elf Prozent des Grünlands zu Acker umgebrochen wurden, sind in der Modellregion im Wesertal seit 2001 sogar fast 50 Prozent umgebrochen worden.

Als Erklärung für diese hohe Dynamik kann der Bau einer großen Biogasanlage im Schweringer Industriegebiet angeführt werden, denn der zeitliche Zusammenhang mit der Zunahme an Maisanbauflächen seit den 2000er-Jahren ist eindeutig, genauso wie das Umbrechen von Grünland im Moorgebiet, um einen weiteren Ausweichraum für den wachsenden Ackerflächenbedarf zu erschließen. Daraufhin ist dann genau das eingetreten, worauf das Bundesamt für Naturschutz schon vor über zehn Jahren hingewiesen hat: »Der Energiepflanzenanbau und die Bioenergienutzung sind nicht die alleinige Ursache dafür; doch ihre möglichen nachteiligen Auswirkungen, die in manchen Regionen von erheblichem Ausmaß sein können, sind unbestritten. Besonders auffällig sind (…) nachteilige Veränderungen des Landschaftsbildes (Monotonisierung), Rückgang der biologischen Vielfalt in der Agrarlandschaft, Belastungen von Böden, Grund- und Oberflächenwasser« (BfN 2010, S. 6). Diese sicht- und messbaren Veränderungen des Wesertals werfen Fragen darüber auf, wie derartige Prozesse zu bewerten sind und wie diese Aussagen des Bundesamtes für Naturschutz einzuordnen sind.

Hervorzuheben ist an dieser Stelle, dass die beschriebenen Entwicklungen im Großen und Ganzen – natürlich bei etwas anderen Flächenzusammensetzungen – in ganz Deutschland stattgefunden haben und auch berechnet wurden (Poschlod 2017, Abb. 48, S. 68). Grund genug, in diesem Kapitel einige Aspekte aufzuzeigen, die sich mit der Bewertung der Landschaftsentwicklungen beschäftigen. Damit ist aber keine vollständige oder umfassende Aufarbeitung beabsichtigt, denn sie ist hier ohnehin nicht zu leisten. Allein die gesellschaftliche und politische Dimension der aufgezeigten Prozesse füllt längst ganze Institutsbibliotheken an Universitäten; die Schriftenreihe »Politische Ökologie« des oekom verlags ermöglicht eine gute Themenvertiefung. Hinzu kommen zahllose landschafts- und geoökologische, agrar- und forstwirtschaftliche sowie raumordnerische Fachveröffentlichungen zum Themenkomplex. Deshalb sollen die vorgestellten Perspektiven an Beispielen vor allem zu eigenen Überlegungen anregen und dafür eine Auswahl möglicher Antworten auf Fragen aufzeigen, die nach den erfolgten Darstellungen bei vielen Leserinnen und Lesern aufgetreten sein dürften.

Die grüne Revolution

Zunächst dokumentieren die Veränderungen in den Flächennutzungen einen wesentlichen Teil des umfangreichen Modernisierungsprozesses in der Landwirtschaft. Voraussetzung dafür waren unterschiedlichste Innovationen infolge der Industrialisierung. Diese bestehen in der Bereitstellung fossiler Energie, beliebig hohem Kraftaufwand der Maschinen, der Lieferung chemischer und sonstiger Vorleistungsprodukte (Dünger, Pflanzenschutzmittel) sowie in der Nutzung der Wissenschaft zur Optimierung biologischer Prozesse und Ressourcen in der Pflanzen- und Tierzucht bzw. Fütterung (Hampicke 2018). Die Böden der landwirtschaftlichen Flächen wurden so weit bearbeitet, dass sie für die Bewirtschaftung optimale Voraussetzungen bieten: Sie sind heute alle mittelfeucht und nährstoffreich. Damit ist zu erklären, dass heutige Durchschnittsernten bei Getreide im konventionellen Anbau etwa dreimal so hoch wie vor 50 Jahren ausfallen, die Ernten aber damals auch schon doppelt so hoch waren wie zur Zeit des Ersten Weltkrieges. Aber auch diese Ernten waren schon höher und vor allem sicherer als um 1800. »Heutige Spitzenerträge auf guten Standorten sind zehnmal (!) so hoch wie das, womit man sich in früheren Jahrhunderten zufriedengeben musste« (Hampicke 2018, S. 21).

Diese ökonomischen Fortschritte infolge der umfassenden Modernisierungen führten erstmals seit der Erfindung der Landwirtschaft zu einer ganzjährig gesicherten Versorgung der Bevölkerung mit preisgünstigen Nahrungsmitteln. Außerdem wurde für viele Bauern und Bäuerinnen die schwere körperliche Arbeit erträglicher und ökonomischer Wohlstand ermöglicht. Die entscheidenden Veränderungen erfolgten in äußerst kurzer Zeit in den 1950er- und 1960er-Jahren. Schien das bäuerliche Leben vor diesen agrarstrukturellen Umwälzungen noch eher dem Wirtschaften des Mittelalters zu ähneln, so änderte sich dies in wenigen Jahren fast vollständig. Aber es gab auch reichlich Verlierer, denn viele Bauernhöfe schafften die notwendigen Investitionen nicht mehr und gaben auf. Einst wohlhabende und angesehene Bauernfamilien galten trotz aller Modernisierung als ärmlich und rückständig, und die nach »Stall riechenden Kinder schämten sich«. Es war ein »stiller Abschied vom bäuerlichen Leben« (Frie 2023).

Der Journalist Bartholomäus Grill (2023) beschreibt aus eigener Erfahrung als bayerisches Bauernkind die schnellen und fast alle Bereiche umfassenden Veränderungen der »grünen Revolution« in den 1960er- und 1970er-Jahren. Die Verfügbarkeit von Kunstdünger und Pestiziden sowie moderner und leistungsfähiger Maschinen sorgten sehr schnell (»fast über Nacht«) für enorme Ernteerträge und einen gewissen Wohlstand bei den Bauernfamilien, wobei die Agrarpolitik so gestaltet war, dass vor allem größere Betriebe profitierten. Sie folgte in ganz Europa den gleichen Schlachtrufen: »Modernisieren! Rationalisieren! Intensivieren! Stall bauen! Viehbestände erhöhen! Effizientere Maschinen einsetzen! Mehr Kunstdünger streuen, mehr Gift versprühen! Hektarerträge steigern! Wachsen oder weichen! Für die Großen lohnte es sich, die Kleinen konnten nicht mehr mithalten, denn ihre Anteile an den Subventionen waren nur *peanuts*, und die gestiegenen Produktionskosten ließen sich nur durch Massenerzeugung ausgleichen« (Grill 2023, S. 36).

In der Folge kam es zu einem bundesweit anhaltenden Strukturwandel innerhalb der Landwirtschaft, der bis heute dadurch gekennzeichnet ist, dass die immer weiter zunehmende Produktivität die Zahl der landwirtschaftlichen Betriebe seit Jahrzehnten zurückgehen lässt, während die Flächengrößen oder die Anzahl an Tieren pro Betrieb hingegen immer größer wird (ausführlich bei Hampicke 2018). Die Zahl der Betriebe ging von 1,39 Mio. (BRD) Ende der 1950er-Jahre auf 0,25 Mio. im Jahr 2022 zurück (Grill 2023). Auch in den drei Wesertalgemeinden Bücken, Schweringen und Warpe hat die Zahl der landwirtschaftlichen Betriebe zwischen 2010 und 2020 von 98 auf 75 abgenommen, ein Rückgang von fast 25 Prozent in nur zehn Jahren. Auch bei den bewirtschafteten Flächengrößen hat sich etwas verändert. Gab es 2010 nur drei Betriebe mit über 100 Hektar landwirtschaftlicher Nutzfläche, so hat sich die Zahl bereits zehn Jahre später auf acht erhöht (LSN 2020, Tabelle Z6080011). Dieser Trend ist für die Landschaft der Mittelweser nicht nur statistisch zu belegen, sondern auch in Form aufgegebener Höfe sichtbar, die nun als Immobilienobjekte zum Verkauf stehen. In der Region gibt es landwirtschaftliche Betriebe, die deutliche Ausweitungen planen. Ein Hof beabsichtigt beispielsweise, den aktuellen Viehbestand von 500 Kühen und 250 Kälbern auf bis zu 1.000 Kühe und 1.000 Kälber zu vergrößern (Ktg 14.1.2021).

Als weiteres Zeichen für den enormen wirtschaftlichen Druck und steigende Effizienzanforderungen an die landwirtschaftlichen Betriebe sei an dieser Stelle nochmals an die rasante Zunahme der Ackerflächen zulasten des Grünlands erinnert (Abbildung 47, S. 141). Noch in den 1960er-Jahren lag das Acker-Grünland-Verhältnis in vielen Betrieben bei eins zu eins bis eins zu drei (Bockhop 1967). Dass dieses Verhältnis heute nicht mehr besteht, wurde in den Landschaftsausschnitten Holtruper Moor und Wesertalrand exemplarisch aufgezeigt.

Aber welche ökologischen Folgen kommen zu den sozialen und ökonomischen Auswirkungen hinzu? Diese Frage stellt sich auch deshalb, da heute allgemein bekannt ist, dass Lebensräume für bestimmte Pflanzen- und Tiergesellschaften (Biotope) mit der Landschaftsveränderung verschwunden sind.

Rückgang der Artenvielfalt

Von den einheimischen Tierarten in Deutschland sind 35 Prozent bestandsgefährdet, von den Pflanzenarten 26 Prozent. Die sogenannte Krefeld-Studie über einen massiven Rückgang bei Insekten sorgte in den Jahren 2017 und 2018 bundesweit für Schlagzeilen und »Tagesschau-Meldungen«. Grundlage für die Untersuchung waren Langzeitbeobachtungen, nach denen Insekten innerhalb der letzten 30 Jahre um 75 Prozent zurückgegangen seien (Leonhardt 2022). Die Ergebnisse führten unter anderem auch im Deutschen Bundestag und bei Fachleuten sowie Verbänden zu unterschiedlichen Reaktionen (WD 2017). So gab es Kritiker, zum Beispiel aus der Wissenschaft, die die Untersuchungsmethodik der Studie anzweifelten, doch schon ein Jahr später lieferte eine neue Untersuchung der Technischen Universität München »traurige Gewissheit: Der beobachtete Trend ist an verschiedenen Standorten in ganz Deutschland zu beobachten und schließt zahlreiche Insektenarten mit ein, so das Fazit. Weitere Studien folgten und bestätigten den mitunter dramatischen Rückgang der Insekten sowohl in Deutschland als auch in anderen Ländern« (Leonhardt 2022, S. 12). Der Gedanke liegt nahe, dieses Artensterben mit den Veränderungen in der Landschaftsnutzung in Verbindung zu bringen. Kann dies auch auf die Region im Mittelwesertal übertragen werden? Wenn ja, warum gehen die Arten dann zurück, und gibt es besondere Problembereiche?

Da es keine wissenschaftlichen Untersuchungen über die Tierartenbestände in dieser Region vor 200 Jahren gibt, wird nachfolgend auf andere Informationen zurückgegriffen, um die Fragen beantworten zu können. Zum einen kann nach den Lebensräumen in der Landschaft gefragt werden, da bekannt ist, welche Arten (heute noch) an welche Lebensräume gebunden sind. In einem Laubwald leben bekanntlich andere Tierartengemeinschaften als auf Wiesen, Weiden oder in Hecken, dort wieder andere als in Mooren oder auf Ackerflächen. Zum anderen kann die Betrachtung der Vogelwelt stellvertretend für andere Tierarten genutzt werden, da die Ornithologie schon im 19. Jahrhundert mit intensiven Beobachtungen begann und Daten aus vielen Gebieten Deutschlands zusammentrug (Berthold 2018).

Die durch den Menschen geschaffene Kulturlandschaft veränderte sich jahrtausendelang und führte zu verschiedenen Lebensräumen für Säugetiere, Vögel, Reptilien und Insekten. Mit der Sesshaftwerdung und dem Ackerbau begann der Mensch, die ursprüngliche Vegetation zu verändern und zu entfernen. Er holzte Wälder ab, um immer größere Flächen nutzbar zu machen. Es entstanden schließlich vollständig vom Menschen dominierte Agrarlandschaften. Diese »Kulturlandschaften« weisen komplexe und vielseitige Wechselwirkungen von Menschen und Ökosystemen auf (Poschlod 2017). Gerade die Betrachtungen der Kartenausschnitte um 1800 und 1900 zeigten, dass die Landschaft in der Region aus vielen kleinen Einheiten bestand. Sie war reich strukturiert, weil nur begrenzte menschliche Arbeitskraft und relativ einfache technische Ausstattungen zur Verfügung standen und damit eine einheitliche Nutzung nur auf kleinen Flächen möglich war. So entstand ein Mosaik aus unterschiedlich genutzten Äckern, Wiesen und Weiden. Aus den topographischen Karten im Maßstab 1:25.000 geht nicht immer eindeutig und trennscharf hervor, ob die Nutzfläche Feuchtgrünland, Frischwiese, Feld mit hohem Grünlandanteil, halboffene Flur, halboffenes Niedermoor oder nasse Brache war, was für landschaftsökologische Bewertungen natürlich sehr wichtig wäre (Leser/Löffler 2017).

Das in den Kartenausschnitten aufgezeigte Nebeneinander der unterschiedlichen Flächennutzungen lässt aber trotz methodischer Einschränkungen »erahnen«, dass diese verschiedensten Lebensräume mit ihren differenzierten Entwicklungsstadien in der Landschaft um 1800 oder 1900 sehr wohl vertreten waren.

Beispielsweise befanden sich Wiesen, die zu ganz unterschiedlichen Zeitpunkten – meist nur ein- bis maximal zweimal jährlich – gemäht wurden, neben Weiden, auf denen Vieh in geringer Besatzdichte für kurze

Abbildung 49: Gezielte Maßnahmen zur Verbesserung der Gewässerökologie durch den Rückbau einer ehemaligen künstlich angelegten Sohltreppe (P5). Über ein Natursteinbachbett (Sohlgleite) können heute wieder Fische den Bückener Mühlenbach flussaufwärts »wandern«, und das Wasser wird mit Sauerstoff angereichert. Es leben wieder Forellen im Gewässer, und der Eisvogel ist hier gelegentlich zu Gast. Die Wasserqualität wird allerdings durch Einträge der Landwirtschaft ungünstig beeinflusst. Die Aufnahme entstand beim Dezemberhochwasser 2023 mit entsprechend hohen Pegelständen durch Zulauf von den Feldern und der Moorentwässerung.

Zeit weidete, bevor der Hirte es auf die nächste Fläche führte. Die Wanderschäferei förderte die Vielfalt an Lebensräumen genauso wie die vielen Hecken, die als Grenzlinienlebensräume »ein Hort der Artenvielfalt« sind (Poschlod 2017, S. 214). Dabei bestanden ältere Heckenabschnitte neben gerade frisch abgeholzten oder mittelalten Gehölzabschnitten. Auch diese Details gehen aus den Karten nicht immer unmittelbar hervor, sind aber aus den angesprochenen Bewirtschaftungsmethoden (Hudewald, Heide, Heckenbewirtschaftung usw.) bekannt und deshalb für die damalige Landschaft zu unterstellen. Dies gilt auch für die in der (einstigen) Realität existierenden Übergangsbereiche zwischen unterschiedlichen Nutzungsräumen, die als »Säume« bezeichnet werden. Wenn zum Beispiel in einer alten Karte ein Wald neben einem Feld mit einer Linie »scharf« getrennt eingezeichnet ist, dann kann es vor Ort doch »unscharfe« Übergangssäume zwischen beiden Ökosystemen gegeben haben (Leser/Löffler 2017). Aus dieser Perspektive erscheinen die großen Heckenbestände während des 19. Jahrhunderts im Bereich der Wesermarsch und um Holtrup in ihrer landschaftsökologischen Bedeutung in anderem Licht. Zu betonen ist hier auch, dass die lichten Hudewälder im Wechsel mit den Heidelandschaften über scheinbar unendlich viele Säume verfügten. Die damit verbundene hohe Artenvielfalt ging ebenfalls auf die jahrhundertelange Wirtschaftsweise der Bauernfamilien zurück (Radkau 2012).

Gerade bei den gegenwärtigen Landschaftsausschnitten ist zu erkennen, dass das kleinteilige Nutzungsmosaik in der modernen Agrarlandschaft von heute nicht mehr existiert. Die früher höhere Zahl an unterschiedlichsten und größeren Lebensräumen war ein wesentlicher Grund dafür, warum die Anzahl der Vögel in der Kulturlandschaft um 1800 fünfmal (!) so hoch war wie heute. »Auf einer beliebigen Fläche unserer heutigen (quasi ausgeräumten) Kulturlandschaft, in der wir gegenwärtig 20 Vögel registrieren, hätten früher also 100 gelebt« (Berthold 2018, S. 40). Für den Rückgang der Vogelbestände und der Artenvielfalt gibt es noch weitere Gründe. Der genaue Blick auf die Bestandsentwicklung der He-

Abbildung 50: Am östlichen Weserufer südlich der Alhuser Ahe (P7) ist es der Landschaft anzusehen, dass sie vor einigen Jahrzehnten zur effizienten Bewirtschaftung »bereinigt« wurde. Die großen Ackerflächen können mit modernen Maschinen effizient bewirtschaftet werden. Noch vor gut 100 Jahren waren hier kleinere Felder von Hecken umgeben und wechselten sich mit Weiden und Wiesen ab (Karte 9, S. 87). Wie unter anderem dem Luftbild Seite 36 zu entnehmen ist, finden sich am westlichen Weserufer vergleichbare Landschaftsansichten.

cken zeigt, dass die Rückgänge einen enormen Umfang hatten und entsprechend auf die Landschaft gewirkt haben müssen.

Wenn die Hecke unter tierökologischen Gesichtspunkten betrachtet wird, lässt sich erahnen, dass vor über 100 Jahren auch an der Mittelweser wesentlich mehr Tierarten gelebt haben müssen. Aus den grundlegenden Erkenntnissen von Helmut Zwölfer u. a. (1984) geht hervor, dass Hecken in ihrer ökologischen Bedeutung unterschiedlich zu bewerten sind. Die aus tierökologischer Sicht optimalen (»wertvollsten«) Hecken sind die, die als Hauptgehölzarten Weißdorn, Schlehe und Wildrose neben vielen weiteren Gehölzarten möglichst unterschiedlichen Alters enthalten, die durch Pflegemaßnahmen regelmäßig partiell verjüngt werden. Optimal sind mindestens 80 Meter Heckenlänge je Hektar, wobei eher viele kürzere Heckenstreifen als wenige lange Großhecken den Bestand bilden sollten. Ziemlich genau diese Anforderungen an »tierökologisch wertvolle« Heckenstrukturen waren vor allem in den beiden Ausschnitten der Weseraue und in Holtrup um 1900 erfüllt. Hier gab es auch häufig Wege, die an beiden Seiten von Hecken und Wallhecken bestanden waren. Diese als »Redder« bezeichneten Doppelhecken weisen die absoluten Spitzenwerte an Vogeldichten auf (Puchstein 1980).

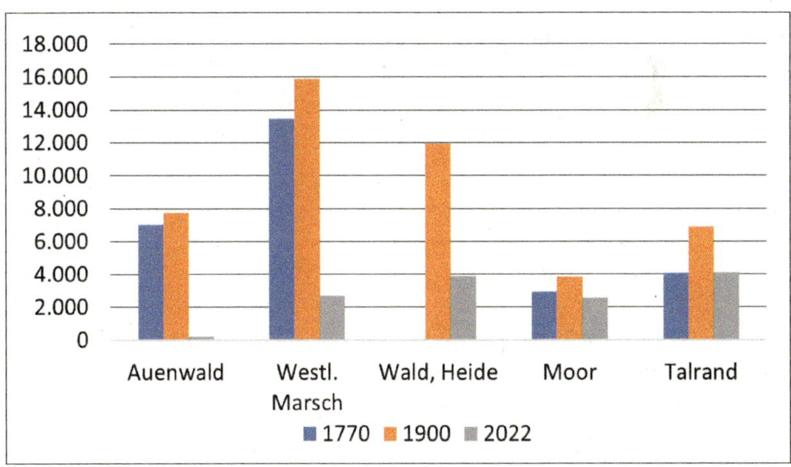

Abbildung 51: Bestand der Heckenlängen in Metern je Landschaftsausschnitt. Datenbasis: eigene Berechnung der Daten aus den fünf Landschaftsausschnitten.

Im Moor hatte die Hecke wegen der fehlenden Bewirtschaftung keine große Bedeutung. Ähnliches gilt für den Talrand bei Duddenhausen, wo vor allem Moor und Bruch mit wiederum anderen Verhältnissen die Landschaft prägten. Die Hecken waren keine ökologischen »Alibipflanzungen« im Sinne einer »Ökohecke«, sondern vor allem aus ökonomischen Gründen, wie oben ausgeführt, von hoher Bedeutung als »traditionelle Bauernhecke« (Kurz et al. 2011, S. 22). Ganz nebenbei erfüllten sie also damals wichtige landschaftsökologische Funktionen, indem sie beispielsweise die anderen Nutzflächen miteinander verbanden. Aber reichten diese Landschaftselemente aus, um für die höhere Anzahl an Tier- und Insektenarten zu sorgen?

Auf mageren, locker bewachsenen Wiesen oder Heideflächen fällt die Vielfalt an Blumen, Kräutern und Gräsern mit darüberfliegenden Schmetterlingen unterschiedlichster Arten auf. Zudem gibt es Grillen, Wildbie-

Abbildung 52: Wenn ein unbefestigter Weg beidseitig von Hecken gesäumt wird, nennt man das einen »Redder«. In den Landschaftsausschnitten am rechten und linken Weserufer sowie bei Holtrup waren sie früher sehr verbreitet, heute gibt es sie nur noch vereinzelt wie hier am Westrand der Alhuser Ahe (nordwestlich P7). Redder sind absolute »Hotspots« der Artenvielfalt. Hier ist die Dichte an Vogelbrutpaaren bis zu sechsmal höher als an einseitigen Wegehecken, was auch zur Erklärung beiträgt, dass um 1800 fünfmal mehr Vögel in Deutschland lebten als heute.

nen und viele weitere Insekten. Wird nach einer Flächenzusammenlegung im Rahmen der Flurbereinigung so eine magere Wiese kräftig gedüngt, verschwindet die Artenvielfalt. Die Düngung begünstigt einige wenige Pflanzenarten, die die empfindlicheren überwuchern und damit verdrängen. Wo vor der Düngung Vielfalt herrschte, hat sich nun Monotonie eingestellt, die allerdings hochproduktiv ist und weit bessere Erträge als die vorherige Magerwiese erbringt. Die Düngung ermöglicht einen mehrmaligen Schnitt des Grases im Jahr oder eine intensivere Beweidung durch das Vieh. »Ein ganz wesentliches Ziel der landwirtschaftlichen Bodennutzung war daher stets, die wenigen ›nützlichen‹ Arten zu fördern und die vielen möglichen Konkurrenten fernzuhalten. Monokulturen liefern in Feld und Flur, meistens auch in Wäldern (= Forsten), weitaus größere Erträge als Mischbestände. Je mehr Arten an der Mischung beteiligt sind, also je größer die Artenvielfalt ist, desto geringer wird der Ertrag« (Reichholf 2008C, S. 55).

Da die Bauern und Bäuerinnen über Jahrhunderte existenziell gezwungen waren, den Ertrag ihrer Landwirtschaft zu optimieren, allerdings mit völlig unzureichenden agrartechnischen Mitteln und Methoden, »führte die Situation des ständigen Mangels zu jahrhundertelanger Übernutzung der natürlichen Ressourcen« (Büssis 2006, S. 32). Genau diese Bewirtschaftung erhielt allerdings die Magerstandorte und trug im 19. Jahrhundert wesentlich zu den Höchstwerten der Artenvielfalt bei, die seitdem nie wieder erreicht wurden (Reichholf 2008C, Mohr 1989). Diese Nähstoffmangelsituation wurde entscheidend durch die Erfindung des »Haber-Bosch-Verfahrens« geändert, das in den 1920er- und 1930er-Jahren die Grundlagen der Produktion von synthetischem Stickstoffdünger schuf.

Auch in den frühen 2000er-Jahren hat die flächendeckende Nährstoffversorgung in Kombination mit Ackerflächenausweitungen unmittelbare Auswirkungen auf den Bestand der niedersächsischen Vogelwelt. »Klar und eindeutig rückläufig im Bestand mit Veränderungen gegenüber 1981–1985 von -20 % bis -50 % sind 30 Arten. (…) 47 Arten (23 %) stehen darüber hinaus für mindestens eine Halbierung der Ausgangsbestände« (Krüger et al. 2014, S. 60). Den prozentual höchsten Rückgang hatten die Vogelarten der Trockenlebensräume (Sandheiden, Kahlschläge, Trocken-

Abbildung 53: Wenn Entwässerungsgräben wie der Borngraben (P4) nicht regelmäßig ausgeräumt werden, wachsen darin Schilf, Binsen sowie Seggen und tragen damit zur Vernetzung von Lebensräumen bei.

rasen) und Sonderstandorte wie Sandgruben. Der Atlas der Brutvögel gibt für das Blatt der TK25 »Bücken« keine Vogelarten der Trockenlebensräume an (ebd., Karte S. 84). »Die Vögel der Agrarlandschaft insgesamt sind mittlerweile die am stärksten bedrohte Artengruppe in Deutschland, ihr Rückgang resultiert vereinfacht ausgedrückt aus der Intensivierung des Ackerbaus, aus dem Rückgang der Strukturvielfalt und den Veränderungen in der Grünlandbewirtschaftung« (Krüger et al. 2014, S. 60). Stellvertretend sei hierfür der Kiebitz genannt, der in offenen Landschaften mit flachen und feuchten Wiesen, Weiden und Überschwemmungsflächen vorkommt. Aus älteren Beschreibungen der Knicklandschaft fünf Kilometer nördlich Hoya ist bekannt, dass es vor 80 Jahren noch viele Kiebitze, Pirole, Neuntöter und andere heute in ganz Deutschland selten gewordene Vogelarten gab (Vespermann 1950). Viele Ältere berichten gern aus ihrer Kindheit in den 1950er-Jahren, dass damals die Felder um Holtrup und Bücken immer voller Kiebitze waren. Noch Anfang der 1980er-Jahre war dieser Vogel in der Region zu beobachten und 20 Jahre später »verwaist« (Krüger et al. 2014, Karte S. 217). Bis heute ist der Kiebitz nach eigenen Beobachtungen weder als Gast- noch als Brutvogel in der Region vorhanden.

Die beschriebenen Landschaftsveränderungen und die exemplarisch skizzierte Entwicklung der Vogelarten unterstreichen, warum das mittlere Wesertal heute vom Bundesamt für Naturschutz als »Landschaft mit geringer naturschutzfachlicher Bedeutung« bewertet wird (BfN 2022) und gemäß Landschaftsrahmenplan Biotoptypen mit »sehr geringer und geringer Bedeutung« dominieren (LRP 2020, Karte 1). Wie so ein landschaftsökologischer Bedeutungsverlust vor sich geht, kann aktuell gut im ehemaligen Holtruper Moor beobachtet werden.

Die immer intensiver werdenden landwirtschaftlichen Flächeninanspruchnahmen verwischen dort den Charakter des Landschaftsschutzgebiets (LSG) zunehmend. Als die 928,21 Hektar große Fläche am 21.5.1975 rechtskräftig zum LSG erklärt wurde (AB 1975), waren dort neben den Waldflächen vor allem Wiesen und Weiden landschaftsbestimmend (TK25, 1972). Da in diesem LSG aber die »Änderung des Kulturartenverhältnisses im Rahmen einer ordnungsgemäßen landwirtschaftlichen (…) Bewirtschaftung« (AB 1975, S. 507) zugelassen ist, kam es hier zur beschriebenen Umnutzung von Grün- zu Ackerland. Hieran konnte auch das Regionale Raumordnungsprogramm des Landkreises Nienburg in den letzten 20 Jahren nichts (mehr) ändern, obwohl die LSG-Fläche darin als »Vorsorgegebiet für Natur und Landschaft« und »Erholung« ausgewiesen ist und nicht wie der Teilraum zwischen Bücken und Schweringen als »Vorsorgegebiet für die Landwirtschaft« (RROP 2003). Dieses Beispiel gibt den Kritikern recht, die die Sonderstellung der Landwirtschaft im Bundesnaturschutzgesetz von 1976 als »Geburtsfehler des Gesetzes« (Breuer 2017, S. 32) bezeichnen, denn demnach dient »ordnungsgemäße Land- und Forstwirtschaft in der Regel den Zielen des Gesetzes« und ist daher nicht als Eingriff (in die Landschaft) zu werten. Das Gesetz ließ damals aber leider offen, was als ordnungsgemäß zu verstehen ist (Breuer 2017). Der Gesetzgeber hat den Mangel erkannt und vor allem seit der Neufassung des Bundesnaturschutzgesetzes 2009 deshalb immer konkretere »Leitlinien der ordnungsgemäßen Landwirtschaft« (LWK 2021) formuliert, die vor allem die Schutzgüter Boden, Wasser und Luft (ausführl. Poschlod 2017, S. 234 ff.) berücksichtigen. Offensichtlich konnte das aber den landschaftlichen Wiesen- und Weidencharakter der 1970er-Jahre nicht mehr erhalten. Es blieben nur die in der Verordnung ausdrücklich geschützten Hecken und Feldgehölze erhalten.

Hier wird eine Chance vertan, weil gerade kleinere Schutzgebiete in der Kulturlandschaft sehr dabei helfen, die Biodiversität zu bewahren, die erst durch den wirtschaftenden Menschen entstanden ist (Mitterer 2024). Damit ergänzen diese Gebiete die großen und streng geschützten Nationalparks, deren Ziel vor allem die Bewahrung der Wildnis ist, um dort ohne menschliche Eingriffe die »Entwicklung« von Naturlandschaften zu fördern.

Der Umgang mit dem LSG knüpft zugleich an die grundsätzlichen Probleme Deutschlands bei der verfehlten Zielerreichung für Gebietsausweisungen an. Die »Angst« vor neu ausgewiesenen oder strenger geschützten Gebieten geht vor allem darauf zurück, dass in der Bevölkerung (und Politik) die positiven Wirkungen dieser Landschaften nicht bekannt sind. Hier sollte deshalb zukünftig stärker gesellschaftlich vermittelt werden, dass intakten Landschaften bei der Bewältigung von Klimafolgen und Artensterben eine Schlüsselrolle zukommt (Mitterer 2024).

Abbildung 54: Die Weißstorchbestände haben sich dank gezielter Maßnahmen deutschlandweit erholt. Auch in der Mittelweserregion brüten mehrere Storchenpaare regelmäßig und nutzen gelegentlich sogar Kopfbäume zur Futtersuche wie hier bei Altenbücken (nördlich P22), wo der Storchenbaum schon ein Jahr nach der ersten Aufstellung angenommen wurde. Im Mai 2023 konnten auf einem Feld in Warpe bei eigenen Beobachtungen 15 Störche gezählt werden.

Abbildung 55: Trotz des trockenen Sommers 2022 führt der Borngraben bereits nach wenigen Herbstniederschlägen wieder Wasser zur Entwässerung in Richtung Bückener Mühlenbach (Blick von P5 zu P4). Durch das schnelle Ableiten über die Weser zur Nordsee stehen die Niederschläge für die Erneuerung des Grundwasserkörpers bei diesem »Wassermanagement« nicht zur Verfügung. Die Entwässerung der Landschaft ist deutschlandweit fester Bestandteil zur Intensivierung der Landnutzung.

Abbildung 56: Vor wenigen Jahren wurden hier (P25) in der Warpe Heide standortfremde Kiefern aus der Monokultur entnommen und durch junge Laubbäume ersetzt. Heute sind die Birken, Vogelbeeren, Wildkirschen und Hainbuchen etwa drei Meter hoch und wirken in einigen Jahren gegen Artensterben und Klimawandel.

Trotz alldem gibt es auch positive Trends zu erwähnen, etwa bei einigen Vogelarten. So gibt der Brutvogelatlas keine Bestände von Weißstörchen und Graureihern für den Zeitraum 2005–2008 an. Seit einigen Jahren können aber mehrere Brutpaare im Bereich der TK25 »Bücken« beobachtet werden. Die regelmäßig wiederkehrenden Weißstorchbrutpaare in Holtrup und Schweringen seien hier stellvertretend genannt. Ebenfalls sind nach eigenen Beobachtungen heute die Bestände der Rotmilane größer als das eine Brutpaar im Zeitraum 2005–2008 (Krüger et al., Karte S. 183). Eigene Beobachtungen von See- oder Fischadlern als »Gäste« sowohl an der Weser als auch im ehemaligen Holtruper Moor werden aus der Jägerschaft bestätigt. Diese Beobachtungen zeigen, dass erst eine neue Bestandserhebung genauere Aussagen über die aktuellen Brutvogelzahlen in der Region zulassen wird.

Wandel durch Flurbereinigung

Neben den agrartechnischen Innovationen bestimmten vor allem die Flurbereinigungsmaßnahmen das Aussehen der offenen Landschaft. Ihre hohe Intensität wurde sowohl bei den gegenübergestellten Kartenausschnitten von 1770 und 1898 deutlich als auch in der darauffolgenden Phase des 20. Jahrhunderts, wobei das Maß nach dem Zweiten Weltkrieg besonders hervorzuheben ist. Der damit verbundene Begriff der »Flurbereinigung« ist bis in die jüngste Gegenwart mit einem Makel behaftet, die Natur zu zerstören und die Landschaft auszuräumen. Bereits Anfang der 1980er-Jahre war man sich auch im Mittelwesertal der Folgen der Flurbereinigung bewusst: »Unsere heimische Tierwelt hat sich diesen Dingen anzupassen. Tut sie es nicht, und oftmals kann sie es nicht, weil ihr mittlerweile die natürlichen Lebensräume wie Schutzhecken, Buschgruppen, Wasserstellen usw. fehlen, so vermindert sie sich oder verschwindet teilweise leider bei einigen Arten ganz« (Habermann 1982, S. 275). So ist es dann auch in den Folgejahren eingetreten.

Konkrete Ergebnisse lieferte in diesem Zusammenhang in den späten 1980er-Jahren die »ökologische Bilanz« einer umfangreichen Untersuchung aus dem zehn Kilometer nordwestlich gelegenen Ort Hoyerhagen. »Den noch um 1900 errechneten 680 Pflanzenarten stehen heute 192 ge-

Abbildung 57: Wie gehabt wird bis heute gegen zu feuchte Ackerstandorte vorgegangen. Hier (P12) wird mit Windkraft Stauwasser am Feldrand angehoben und in den wenige Meter rechts liegenden Mühlenbach geleitet. Das Leitbild ist also immer noch, möglichst jeden Quadratmeter Boden als Ackerland zu nutzen. Da es kaum noch Feuchtwiesen in der Region gibt, lebt der Kiebitz hier nicht mehr. Würde die Landwirtin oder der Landwirt eine attraktive Prämie für nachgewiesene Kiebitz-Brutpaare bekommen, gäbe es hier wahrscheinlich noch eine Feuchtwiese.

genüber. Dies entspricht einem Artenrückgang von 72 Prozent. Rechnet man den Faktor 10 für die Tierarten, so ist mit dem lokalen Aussterben von ca. 4900 Arten im Gebiet zu rechnen. Der größte Teil dieses Rückganges ist erst für die letzten 15 Jahre zu beklagen und hat mit dem Abschluss der Flurbereinigung im Gebiet und der folgenden Ackernutzung den absoluten Höchststand erreicht« (Mohr 1989, S. 249).

Aber man hat aus der Kritik gelernt, und die Flurbereinigung geht heute anders vor als in den Nachkriegsjahrzehnten. »Daß dies heute tatsächlich nicht mehr so ist, kann zunehmend durch Beispiele aus der Flurbereinigungspraxis belegt werden« (Kirchner 1996, S. 17), was auch im Wesertal nachzuweisen ist. Im Frühjahr 2022 wurde nach 13 Jahren die Flurbereinigung in der Gemeinde Warpe beendet. Mit Investitionen von über fünf Millionen Euro wurden auf einem Gebiet von rund 2.090 Hektar unter anderem Wege gebaut, Eigentumsflächen zusammengelegt sowie Feuchtbiotope mit Kleingewässern und Heckenstrukturen angelegt. Für Mühlenumfluter, Gehölzstreifen, Biotope und Kleingewässer sind rund 15 Hektar Fläche genutzt worden, was zeigt, dass Naturschutz und Umweltschutzziele sowie die Belange der Landwirtschaft in gewissem Umfang berücksichtigt wurden (Ktg 13.6.2022). Hierzu gehört auch, dass die ökologischen Hindernisse der Gewässer Calle, Caller Dorfbach und Graue wieder in einen natürlicheren Zustand zurückversetzt wurden, indem seit 2017 damit begonnen wurde, die Bäche auf einer Länge von 940 Metern zu naturnahen Vorflutern mit kleinen Auenbereichen auszubauen (Abbildung 12, S. 46). Durch die Beseitigung von Hindernissen und Staustufen soll der Aufstieg für wirbellose Tiere und Fische von der Weser her hoch zu den Quellgebieten der Calle und Graue wieder ermöglicht werden (HaS 8.10.2017).

Die umfangreichen Entwässerungsmaßnahmen sind als weiterer bedeutender ökologischer Faktor der Landschaftsveränderung hervorzuheben. Die in großen Teilen der Region bereits eingetretene Grundwasserabsenkung um mehrere Dezimeter (BK50 2017) ermöglicht seit Jahrzehnten auf ehemaligen Bruch- und Moorflächen intensive Landwirtschaft. Im Gegenzug sind zahllose Feuchtbiotope mit der typischen Tier- und Pflanzenwelt verschwunden. Vielleicht wird auch deshalb langsam damit begonnen, mit den Entwässerungsgräben schonender umzugehen. Während in früheren Jahrzehnten radikal alles aus den Gräben geräumt wurde, wird heute im Rahmen eines Abwägungsprozesses von Landwirt*innen und Behörden festgelegt, ob ein Graben komplett, nur halbseitig oder gar nicht ausgemäht werden muss und somit sein ökologischer Stellenwert gesteigert werden kann (DH 11.10.2017).

Als Zwischenergebnis ist hier hervorzuheben, dass die agrarische Massenproduktion zwar enorme Produktionssteigerungen gebracht hat, damit aber im Gegenzug verschiedene landschaftsökologische Folgen verbunden waren, die auch im Wesertal zu beobachten sind. Unter dem Strich kann die Entwicklung so interpretiert werden, dass durch die Landwirtschaft »erstmals seit Jahrhunderten eine Nahrungsmittelversorgung der Städte und der Industriegesellschaft ohne Engpässe sichergestellt wurde. (…) Aber man ist mit der immer weiter reichenden Intensivierung der agrarischen Produktion über das Ziel der Vollversorgung hin-

Abbildung 58: Das Bachbett (Sohle) des Bückener Mühlenbachs wird seit einigen Jahren im Herbst nicht mehr durch einen Bagger ausgeräumt. Ziel dieser bewusst »unterlassenen Pflegemaßnahme« ist nach Angaben des Kreisverbands für Wasserwirtschaft eine Verbesserung der Gewässerökologie. Die Wasserpflanzen bremsen den Fluss und bewirken damit unterschiedliche Strömungen, was mit den Jahren zu Ablagerungen bzw. Ausspülungen von Sedimenten im Bachbett führt. Es entwickeln sich an den vormals »geradlinigen« Rändern nach und nach kleinere Ausbuchtungen, Vertiefungen oder kleine Erhöhungen. Seit etwa 2020 ist an vielen Stellen gut zu beobachten, dass der Bach in seinem Bett zu mäandrieren beginnt. Erste Weiden und Erlen wachsen unmittelbar am Bachufer und lassen die ökologische Aufwertung erahnen. Die obere Aufnahme entstand im August 2019, die untere im Juli 2023 bei P26. Wie wird der Bach hier wohl im Jahr 2030 aussehen?

ausgeschossen« (Küster 2010, S. 374). »Die intensive moderne Landwirtschaft hat sich zu breit gemacht« (Hampicke 2018, S. 251).

Diese Einschätzungen von Wissenschaftlern und die stärker werdende gesellschaftliche Kritik führten in den letzten Jahren neben den beschriebenen Anpassungen in den Flurbereinigungsmaßnahmen auch immer wieder zu Protesten der Bauernfamilien, da sie sich nicht in der Öffentlichkeit als »Sündenböcke« für den Umgang mit der Natur sehen wollen. Nach Einschätzung des Präsidenten der Landwirtschaftskammer Niedersachsen haben sich mit den Protesten die Wahrnehmung und Darstellung der Landwirtschaft in den Medien bereits verändert. In der Öffentlichkeit wird sehr wohl wahrgenommen, dass die Bauernfamilien sowohl beim Artenschutz mitmachen als auch für die Produktion von Nahrungsmit-

Abbildung 59: Eine im Jahr 2021 auf einem Gemeindegrundstück am Bücker Ortsrand (P21) mit Fördermitteln des Landes Niedersachsen und der Bundesrepublik angelegte Streuobstwiese. Das Schild informiert darüber, dass mit dieser Maßnahme die »Schaffung, Wiederherstellung und Entwicklung von Lebensräumen sowie Lebensstätten wildlebender Tier- und Pflanzenarten der Agrarlandschaft gefördert« werden soll. In den 1960er-Jahren wurden noch »Hiebprämien« für die Rodung von Streuobstwiesen gezahlt. So schnell und grundlegend können sich Leitbilder in der Agrarpolitik ändern. Heute ist der hohe Wert der Streuobstwiesen für Kultur, Landschaft und Artenvielfalt unbestritten (Willinger 2023).

teln sorgen, was zu einem besseren Ansehen der Landwirtschaft geführt hat (Standort38, 2022).

Diese Imageverbesserung dürfte auch mit der Mitwirkung der Landwirtschaft an einem aktuellen Projekt zusammenhängen, das von besonderer Bedeutung für die weitere Landschaftsentwicklung sein dürfte. Die Rede ist vom »Niedersächsischen Weg«. Dahinter verbirgt sich eine deutschlandweit einmalige Vereinbarung, die die niedersächsische Landesregierung, Landwirtschaftskammer, das Landvolk sowie Natur- und Umweltverbände in Niedersachsen getroffen haben. In dem gemeinsamen Vertrag verpflichten sich alle Beteiligten zu großen Anstrengungen bei Natur- und Artenschutz, bei Biodiversität und beim Umgang mit der Ressource Landschaft (NL 2020).

Hiermit dürften auch Rückwirkungen auf die zukünftige Landschaftsentwicklung verbunden sein, inwiefern, bleibt abzuwarten. Ergänzend dazu sind auch kommunale Aktivitäten zur Steigerung der landschaftlichen Strukturvielfalt hervorzuheben. So wurden im Herbst 2021 erste größere Hecken- und Baumpflanzungen um den Ort Bücken auf Initiative der örtlichen Jägerschaft und der Gemeinde durchgeführt und mit Fördermitteln des Landes unterstützt. Dabei wurden Maßnahmen zur Verbesserung der Struktur- und Insektenvielfalt wie etwa die Anlegung von neuen Feldgehölzinseln und Heckenpflanzungen ausgearbeitet und auf gemeindeeigenen Flächen umgesetzt. Nach Angaben des Bückener Bürgermeisters wird mit Investitionen von rund 220.000 Euro ganz konkret vor Ort für den Klimaschutz gehandelt und gleichzeitig der »Niedersächsische Weg« mitgegangen (Ktg 12.3.2021).

Es wird deutlich, dass die Kulturlandschaftsentwicklung in der Region bis heute äußerst dynamisch verläuft, wobei der Landwirtschaft dabei eine hohe Bedeutung zukommt. Aus der spätmittelalterlichen Landwirtschaft, deren Produktionsziel vorwiegend die Selbstversorgung der Familie oder einer kleinen Gemeinschaft war, ist unter veränderten gesellschaftlichen und ökonomischen Rahmenbedingungen heute eine moderne Hochleistungslandwirtschaft geworden. Der damit verbundene Transformationsprozess hat sich je nach (agrar)technischer und gesellschaftlicher Entwicklungsstufe auf die Landschaft ausgewirkt, die ökologischen Folgen

Abbildung 60: Durch kleinere und »unspektakuläre« Maßnahmen wie die extensivere Nutzung von Gewässer- und Wegerändern (bei P14) lassen sich schnell und wirksam Lebensräume wiederherstellen und mit den noch vorhandenen Landschaftselementen verbinden. Hier wurde auf dem Acker am linken Grabenrand auf ca. zehn Meter Breite eine Wildkräuter-Blumenmischung ausgebracht. Die obere Aufnahme entstand im Februar, die untere im Juli 2023. Der landschaftsökologisch wichtige Gewässerrandstreifen ist auf diese Weise erheblich aufgewertet worden. 2020 wurde hier mehrmals der Eisvogel beobachtet.

sind dabei sicht- und messbar. Eine scheinbar völlige Unabhängigkeit von den naturräumlichen Gegebenheiten kennzeichnete die Prozesse der vergangenen 60 Jahre. Von größter Bedeutung waren dabei die schnell verfügbare fossile Energie, Pflanzenschutzmittel und das plötzliche Einsetzen der Stickstoffdüngung in der Mitte des 20. Jahrhunderts. Die Auswirkungen dieses Umschwungs auf die Landschaft wurden zwar schon aufgezeigt, allerdings sind die weiteren Folgen nach heutigem Stand der Wissenschaft kaum absehbar (Hampicke 2013).

Wasserqualität und Wassermanagement

Hierzu sei exemplarisch auf die erhöhten Stickstoffwerte im Bückener Mühlenbach verwiesen, die vor allem in der vegetationsfreien Zeit von Dezember bis März mit über 10 mg/l deutlich über den Sommerwerten von 3 mg/l liegen (Zeitreihe 2000–2017, NLWKN 2023), da die Pflanzen im Winter als Verbraucher fehlen. Die Stickstoffverbindungen werden unter anderem in Form von Kaliumnitrat als Düngemittelbestandteil auf die Felder ausgebracht. Auf den landwirtschaftlichen Nutzflächen liegen die potenziellen Nitratkonzentrationen im Sickerwasser durchweg deutlich über 100 mg/l (LBEG 2019, NIBIS-Datenabruf) und gelangen so über die Entwässerungsgräben in den Bachlauf. Hinzu kommen noch die Belastungen durch Pestizide (Pflanzenschutzmittel), die trotz umfangreicher Zulassungsprüfung und strenger Auflagen in umweltschädlichen Mengen in über 80 Prozent der bundesweit untersuchten Bäche viel zu hoch sind (UBA 2023), wahrscheinlich auch im Mühlenbach. Entgegenwirken könnten laut Umweltbundesamt 18 anstatt fünf Meter breite Gewässerrandstreifen. Da dies zu Flächenverlusten beim Ackerland führen würde, sind die Bauernfamilien verständlicherweise gegen diesen Vorschlag.

Diese landschaftsökologischen Entwicklungen dürften mit Blick auf den Klimawandel in den kommenden Jahrzehnten noch an Dynamik gewinnen. Wenn es in den kommenden 30 Jahren zu einer weiteren Erderwärmung um 1,9 bis 2,3 Grad Celsius kommt, was als durchaus wahrscheinlich gilt (Tollefson 2022, DWD 2020), hätte dies ebenfalls sehr intensive Auswirkungen auf die Landschaft. So könnten trockenere Phasen in der Vegetationszeit einerseits die Landwirtschaft zu verschiedenen

Veränderungen in der Flächenbewirtschaftung zwingen, andererseits zu einem veränderten Umgang mit dem knapper werdenden Wasser führen. Bereits in den vergangenen drei Jahrzehnten hat die Beregnungsbedürftigkeit von Feldfrüchten im Mittelwesertal zwischen 10 und 20 Liter pro Quadratmeter zugenommen. Dieser Trend wird nach einer Studie des Landesamts für Bergbau, Energie und Geologie noch weiter zunehmen und die Landwirtschaft zukünftig finanziell und arbeitsorganisatorisch noch stärker belasten (LBEG 2023). Bereits in den Jahren 2022 und 2023 schränkte der Landkreis Nienburg/Weser wie auch viele andere Städte und Landkreise Deutschlands in den Sommermonaten die Wasserentnahmen für land- und forstwirtschaftlich genutzte Flächen sowie für öffentliche und private Grünflächen ein (LK NI 2023).

Auf den Feldern Deutschlands ist heute längst zu spüren, dass die Erde mehr als ein Grad wärmer ist als vor der Industrialisierung. Der Deutsche Bauernverband geht davon aus, dass heute im Prinzip alle Landwirtinnen und Landwirte von den Folgen des Klimawandels betroffen sind, und wertet besonders die zunehmenden Trockenheitsperioden als äußerst problematisch (Martus 2022). Da es als sicher gilt, dass in 30 Jahren auch in Niedersachsen mit regelmäßigen Dürreperioden zu rechnen ist (DWD 2020), wird diese Herausforderung weiterbestehen. Als Lösungsansatz könnten andere Kulturen auf den Feldern angebaut werden. So kommen schon heute in Süddeutschland vermehrt Kidneybohnen, Kichererbsen und Sojabohnen auf die Felder, und in Ostdeutschland wird verstärkt auf Sonnenblumen als Speiseöllieferant gesetzt (Martus 2022).

Im Zusammenhang mit zunehmenden Dürreperioden wäre auch zu hinterfragen, ob das schnelle Ableiten der (winterlichen) Niederschläge in den vielen Entwässerungsgräben über die Weser in Richtung Nordsee noch zeitgemäß ist. Sicherlich ist es zukünftig nachhaltiger, die winterlichen Niederschlagsüberschüsse (wieder) verstärkt dem Grundwasser zuzuleiten, um während der Vegetationsperiode die hohen Bewässerungsbedarfe der Landwirtschaft zumindest teilweise zu kompensieren. Hierfür wäre ein Rückbau bzw. ein intelligentes Wassermanagement in den Entwässerungsgräben notwendig. Auch die sehr hohe Kohlendioxidspeicherfähigkeit der Moore und ihre Bedeutung für den Wasserhaushalt

Abbildung 61: Seit der Zunahme von Dürresommern haben viele Landwirtinnen und Landwirte verstärkt in mobile Bewässerungstechnik wie Pumpen und Schläuche investiert. Je nach Größe und Hersteller fördern die Pumpen zwischen 25 und mehr als 400 Kubikmeter Wasser pro Stunde.

als »Schwamm« könnten zu deren Wiedervernässung führen, wenn für die CO_2-Bindung zukünftig Ausgleichszahlungen an die Eigentümer gezahlt werden sollten. Für den weltweit anerkannten Moorforscher Hans Joosten (2023) steht fest, dass Moore viel mehr CO_2 binden als Wälder und man daher trockengelegte Moore generell wieder vernässen sollte. Dafür müsse man die Produktivität der Flächen nicht zwingend aufgeben, da auch auf Nassflächen Landwirtschaft stattfinden könne.

Genauso ist der deutschlandweite Trend zu vermehrtem Grünlandumbruch landschaftsökologisch zu hinterfragen, wozu auch der Blick auf das Dezemberhochwasser 2023 dienen soll. Als weite Teile Mittel- und vor allem Nordwestdeutschlands um den Jahreswechsel zu 2024 überschwemmt waren, bestimmten schnell Ursachendiskussionen die Medien. Relativ populär waren dabei die sicherlich sinnvollen Lösungsansätze aus Deicherhöhung in Kombination mit größeren Überschwemmungsräumen in Flussnähe sowie besserer Ausstattung für die Rettungs- und Katastrophendienste. Eine der bedeutendsten Ursachen für Hochwasser drang aber kaum in die breite Öffentlichkeit vor, nämlich genau das, was an der

Mittelweser so eindrucksvoll zu beobachten ist: Hochwasser beginnt im Einzugsgebiet der Flüsse (Seibert/Auerswald 2020). Und wenn diese Einzugsgebiete aus unendlich vielen »Abflussautobahnen« für die (Stark-)

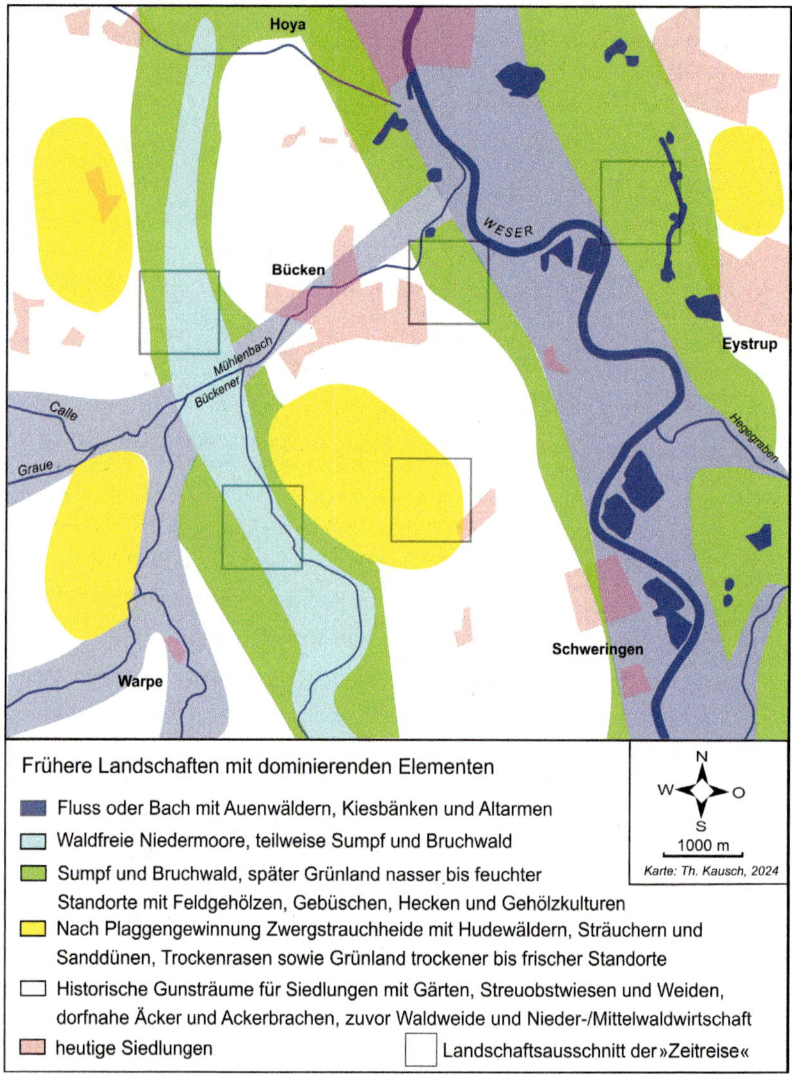

Karte 28: Frühere, heute vergangene Landschaften in der Mittelweserregion. Datenbasis: KHL 1771 und BK50 (2017), eigene Beobachtungen, Erläuterung im Text.

Niederschläge bestehen, ist eigentlich alles erklärt. Aber was hat das mit dem deutschlandweiten Grünlandumbruch zu tun?

Vegetationsloser Ackerboden lässt Wasser sehr schnell in tiefere Schichten bzw. Entwässerungsgräben durchsickern, während Dauergrünland wie Mähwiesen das Wasser fast so gut aufnehmen und halten wie Mischwald, der neben den Mooren der beste natürliche Speicher ist (Rieger 2012). Wenn in den vergangenen 30 Jahren in Deutschland allein 600.000 Hektar Grünland zu Ackerland umgewandelt wurden, bedeutet das einen erheblich schnelleren Abfluss der Niederschläge.

Da im gleichen Zeitraum auch noch viele versiegelte Flächen durch Siedlungswachstum zusätzlich Wasser in »gesäuberte und geradlinige« Gräben ableiten und die Moore zudem als Speicherraum fehlen, lassen sich Forderungen nachvollziehen, »dort, wo die ersten Niederschläge entstehen, (…) das Wasser wieder zu verlangsamen, zurückzuhalten, sprich die Oberläufe wieder zu remäandrieren, wieder Inseln im Gewässer und Nebengerinne zuzulassen«, denn »die Gewässer waren (historisch) alle Mehrbettgerinne, unterbrochen mit großen Lachen, so dass die Landschaft als Wasserspeicher gewirkt hat und dadurch der Wasserabfluss deutlich verzögert war« (Wolter 2024, o. S.). Als es dann wie im Winter 2023/24 mehrere Wochen lang anhaltende Niederschläge gab und diese auf nicht leistungsfähige (da hyperintensivierte) Ökosysteme trafen, stiegen die Pegel der Flüsse zwangsläufig an.

Vergangene Landschaften

Die ökologische Gesamtbewertung erscheint an dieser Stelle zwar ernüchternd, aber sie spiegelt letztlich die Ursachen vieler aktuell in der deutschen Öffentlichkeit diskutierten Themen wie Artenrückgang, Ressourcenverbrauch und Klimawandel wider.

Die Karte 28 zeigt die in den letzten Jahrhunderten vergangenen Landschaften der Region und beantwortet nochmals, warum das mittlere Wesertal vom Bundesamt für Naturschutz und vom aktuellen Landschaftsrahmenplan als naturschutzfachlich bedeutungslos eingestuft wird (BfN 2022, LRP 2020, Karte 1). Und nicht zuletzt zeigt die Karte konkret das auf, was in ähnlicher Form in vielen Regionen Deutschlands geschah.

Der Vergleich der heutigen und ehemaligen Landschaften lässt sich wie folgt zusammenfassen: In dieser Region wurde im 20. Jahrhundert die Landschaft mit allen modernen Mitteln bewirtschaftet und dadurch vollständig umgestaltet. Die Bauernfamilien machten (und machen bis heute) das, was gesellschaftlich und (EU-)agrarwirtschaftspolitisch gewollt und vorgegeben ist. Dort, wo vor 150 Jahren Hecken sinnvoll waren, rodeten sie diese, denn es wurde ihnen so empfohlen. Großflächige Äcker, die möglichst effizient mit wenig Personal zu bewirtschaften sind, waren nun gefragt. Hohe Ernteerträge waren mit modernsten und leistungsfähigen, allerdings kapitalintensiven Maschinen sicher zu erzielen, und sie garantieren bis heute billige Lebensmittel für die Bevölkerung, die diese als Konsument nachfragt. Auf diese Weise formte die Landwirtschaft des 20. Jahrhunderts die Kulturlandschaft entsprechend ihren technologischen Möglichkeiten und den dazugehörenden wirtschaftspolitischen Leitbildern in bisher ungeahnten Dimensionen. Bis heute!

Die Profitorientierung wurde auf die Fläche übertragen, was dazu führte, dass es im Jahr 2024 in der Region fast keine unbewirtschafteten Flächen mehr gibt, die Größe der Naturschutzgebiete ist nicht der Rede wert, und das größere Landschaftsschutzgebiet wurde – im Rahmen des geltenden Rechts – zu einer ökologisch unbedeutenden Hochleistungsagrarlandschaft mit einigen »Dekohecken« umgenutzt. Außerdem wurden die Moorflächen entwässert, Hecken und Streuobstwiesen gerodet sowie Kieferplantagen gepflanzt; alles im staatlichen, europäischen und wissenschaftlich-behördlichen Sinne mit wirksamen und durchdachten Instrumenten umgesetzt und im gegenseitigen »Schulterklopfen« voller Stolz öffentlich vollzogen. Es bewirkte, dass »die Plünderung unserer begrenzten biologischen Ressourcen und die flächendeckende Zerstörung der Umwelt« in einen »Krieg gegen die Natur – und gegen uns selbst« (Grill 2023, S. 8/9) mündete.

Diese Hyperintensivierung der Landnutzung findet bis heute annähernd flächendeckend nicht nur in Deutschland, sondern in weiten Teilen Europas und der Welt statt und ist anscheinend gesellschaftlicher Konsens. In städtischen und industriellen Ballungsräumen sind die Auswirkungen natürlich andere (vor allem Siedlungswachstum und

Versiegelung) als in ländlich-agrarischen Regionen (vor allem Landschaftsausräumung und Monotonisierung) oder in Wäldern (großflächig absterbende Fichtenmonokulturen). Nur ein möglicher »stiller« (?) gesellschaftlicher Konsens könnte erklären, warum es kaum größere öffentliche Proteste gegen diese Entwicklung im eigenen Land gibt, während die Abholzung der tropischen Regenwälder immer wieder thematisiert wird. Warum ist das zerstörerische Landschaftsmanagement in den Tropen zu hinterfragen und die rasant schnelle Komplettausräumung der deutschen Landschaften legitim bzw. allgemein akzeptiert? Auf der Suche nach Antworten schauen wir im Folgekapitel nochmals genauer auf die Mensch-Umwelt-Beziehungen.

Festzuhalten ist, dass unsere hochtechnisierte und in allen Bereichen effizienz-, wirtschafts- sowie profitorientierte Gesellschaft eine entsprechende Prägung in der Landschaft des Mittelwesertals hinterlassen hat. Die Folgen konnten an Beispielen räumlich und landschaftlich konkret aufgezeigt werden. Es wurde deutlich, wie der wirtschaftende Mensch durch seinen Umgang mit der Landschaft einen Transformationsprozess bewirkte, dessen vorläufiges Ergebnis aus heutiger Sicht der Verlust vieler (früherer) Landschaftstypen ist. Damit geht wiederum das Verschwinden entsprechender Lebensräume und der dazugehörigen Tier- und Pflanzenarten einher. Die geringere Vielfalt im Landschaftsbild und ihre Folgen sind damit in ihren Ursachen gut nachzuvollziehen, gleichzeitig ist das Artensterben sozusagen in der monotonen Landschaft zu sehen.

Zugleich war der rasante Transformationsprozess nur mit sehr viel fossiler Energie möglich, sodass wir im Gelände auch einige Ursachen für den menschgemachten Klimawandel indirekt sehen können. Und wir sehen auch, dass die gestörten Ökosysteme auf die zukünftigen Herausforderungen des Klimawandels nicht vorbereitet sind.

Wie und warum es zum Landschaftswandel kam und welche Folgen er hatte, wurde dargestellt. Offen ist aber, was uns Menschen dazu bis heute antreibt und was dies für unsere Zukunft bedeuten könnte.

Deutungen der Mensch-Umwelt-Beziehung

»Tagtäglich sehen wir, wie sich die Landschaften um uns herum mit einer immer größer werdenden Geschwindigkeit verändern« (Konold 1996, S. 5). Wie genau sich die Landschaften weiterentwickeln werden, ist dabei ungewiss. Fest steht aber, dass sie sich auch in Zukunft wandeln werden. Sie verändern sich jeden Tag ein wenig und werden nie wieder exakt so aussehen, wie sie am heutigen Tag ausgesehen haben. Dabei veranschaulicht eine Kulturlandschaft nach dem Verständnis der UNESCO die »Evolution der menschlichen Gesellschaft und Siedlungen im Laufe der Zeit unter den Möglichkeiten und Grenzen der natürlichen Umwelt« (UNESCO 2008, S. 14). Die Entwicklung einer Kulturlandschaft kann demnach auch als der spezifische Ausdruck einer jahrhundertelangen wechselseitigen Anpassung (Koevolution) von Natur und Gesellschaft aufgefasst werden (Winiwarter 1999, S. 65), so wie es in den Zeitreisen an die Mittelweser beispielhaft aufgezeigt wurde. Die Landschaft stellt die Lebensgrundlage für die in ihr lebenden Menschen bereit. Durch die Flächennutzung wird das menschliche Wirken räumlich konkret und spiegelt sich im Erscheinungsbild der Landschaft wider.

Vor allem in den Kartenausschnitten wurde deutlich, dass zum Verständnis dieser wechselseitigen Anpassung die Bedeutung des Faktors Zeit entscheidend ist. Denn von den oft geringen, aber stetigen Veränderungen bemerken wir erst nach längeren Zeitspannen etwas, wenn wir mithilfe von Karten oder Fotos sehen, dass die Landschaft eine andere als früher geworden ist. Erstaunlicherweise hat hier der Faktor Zeit eine ähnlich hohe Bedeutung wie bei der natürlichen Selektion und der Entstehung der Arten in der Darwin'schen Evolutionstheorie, nur dass keine neue Tier- oder Pflanzenart, sondern eine andersartige Landschaft entsteht. »Das Vergehen der Zeit ist nur insofern wichtig (…), als es dabei hilft (…), dass günstige Variationen entstehen und diese dann selektiert, angesammelt und gefestigt werden« (Darwin 1872/2018, S. 130), wie Darwin es damals so treffend beschrieb. Variationen sind Veränderungen oder Abwandlungen, die im Falle der Landschaft durch natürliche Prozesse und/oder durch den Menschen initiiert werden.

Der Faktor Zeit

Die hohe Bedeutung des Faktors Zeit ist auch wichtig, um zu verstehen, warum wir Menschen die aktuelle Landschaftsentwicklung meistens nicht bewusst als solche wahrnehmen können. Das liegt wohl daran, dass wir selbst für einen überschaubaren Zeitraum als Individuum in die stattfindenden Veränderungen eingebunden sind. Nach uns folgt die nächste Generation und dann die übernächste mit jeweils anderen mehr oder weniger intensiven raumwirksamen Aktivitäten. Es sind nur zehn menschliche Generationen vom 18. Jahrhundert bis heute vergangen, trotzdem hätte die erste davon schon vier oder fünf Generationen später den gleichen Landschaftsausschnitt im Wesertal wohl kaum wiedererkannt. Wie auch? Das Landschaftsbild ist in etwas mehr als 100 Jahren (oder 40.000 Tagen) ein anderes geworden, nur noch die räumlichen Lagekoordinaten sind gleich geblieben.

Dies zeigt, dass für uns Menschen die unendlich vielen Zwischenstufen der alltäglichen Landschaftsentwicklung schwer nachzuvollziehen sind. Bei der Entstehung einer neuen Art ist es ähnlich, denn »natürliche Selektion handelt nur, indem sie sich kleiner aufeinanderfolgender Variationen bedient; sie kann niemals einen großen, plötzlichen Sprung machen, sondern muss in (…) langsamen Schritten voranschreiten« (Darwin 1872/2018, S. 226).

Diese Eingebundenheit der aktuell handelnden ein bis zwei Generationen macht uns in gewisser Weise blind für die stattfindende Landschaftsentwicklung, denn wir betrachten das gerade entstehende Zwischenstadium nicht aus einer übergeordneten Ebene, wir sind ja die Handelnden, die Eingebundenen. Der Historiker Christopher Clark bezeichnet deshalb alle Personen und die mit ihnen verbundenen Prozesse sehr treffend als »Gefangene der Zeit« (Clark 2022). Wie bei der Evolution der Arten nimmt das einzelne Lebewesen nicht wahr, dass es nur ein winziges Teil in einem sehr langwierigen (historischen) Prozess ist. Erst wenn wir »Hilfsmittel« wie Karten nutzen, wird uns der Landschaftswandel bewusst. Durch den Vergleich sehen wir dann zum Beispiel, dass viele Lebensräume verschwunden sind, und erahnen, dass das Artensterben auch vor unserer Haustür stattfindet oder die Landschaft auf klimatische Veränderungen reagiert.

Krieg gegen die Natur?
Wie die erste Zeitreise durch 12.000 Jahre Landschaftsgeschichte offenlegte, war die Mensch-Umwelt-Beziehung immer wieder durch starke Impulse geprägt, und der Entwicklung der menschlichen Gesellschaften waren bis zum Aufkommen moderner Wissenschaften immer enge Grenzen gesetzt. Im Wesertal ist an vielen Beispielen deutlich geworden, dass sich durch die immer größer werdende Unabhängigkeit des Menschen von seiner Umwelt die landschaftlichen Wandlungen in immer kürzer werdenden Zeiträumen vollziehen, übrigens wieder ein weltweit stattfindender Prozess.

Verantwortlich dafür waren neben den technischen Voraussetzungen ab dem 18. Jahrhundert neu entstandene Denkströmungen. Mit dem Glauben an den Fortschritt verbanden sich Hoffnungen für ein besseres Leben in der Zukunft, nationaler Stolz auf die naturwissenschaftlichen Leistungen und, damit verbunden, die Überzeugung, die von der natürlichen physischen Umwelt vorgegebenen Grenzen überwinden zu können. Dies bewirkte, dass immer mehr »damalige Zeitgenossen von der Beherrschung der Natur durch den Menschen so stark beeindruckt waren« (Blackbourn 2008, S. 214), dass sich bis heute »die grundlegende Idee, dass die Natur dem Menschen ein Feind sei, den man fesseln, zähmen, unterwerfen und erobern müsse« (ebd., S. 12) als Entwicklungsleitbild hielt und die dafür nötigen »Schlachten« bis heute anhalten.

Andere Autoren schließen sich dieser Einschätzung an und betonen, dass dies bis heute immer noch so sei. »Der Krieg wird gelenkt durch die Feldherren des Agrar- und Lebensmittelsektors; die Rüstungsgüter liefern Chemie-, Pharma- und Saatgutkonzerne; für die Propaganda sind Landwirtschaftspolitiker, Funktionäre der Bauernverbände und Lobbyisten zuständig« (Grill 2023, S. 9). »Der unbedingte Wille zu zähmen, zu zäunen, zu kultivieren« bricht sich aber auch in den meisten Vorgärten »Bahn. Mähen, schneiden, rupfen, spritzen: Alles muss einem menschlichen Ordnungsprinzip folgen. Abgezirkelte Rasenkanten, gepflasterte Wege, geschotterte Vorgärten; mal ein Blühstreifen vielleicht, aber kaum je ein Naturgarten« (Langer 2024, S. 86/87). Im Ergebnis »dezimieren wir Menschen nicht nur massenhaft die schiere Zahl der übrigen Mitbewohner unseres Planeten, wir reduzieren zugleich die Vielfalt der Tier- und Pflanzenarten – in einem nie gekannten Ausmaß« (Glaubrecht 2023, S. 202).

Als gesellschaftliche Gegenreaktion kommt es seit vier bis fünf Jahrzehnten zu einem wachsenden Umweltbewusstsein in der deutschen Bevölkerung (Radkau 2012). Dies äußert sich zum Beispiel im angesprochenen »Niedersächsischen Weg« oder dem Volksbegehren »Artenvielfalt und Naturschönheit in Bayern – Rettet die Bienen«, das als das erfolgreichste Volksbegehren in der Geschichte des Freistaats Bayern gilt: Über 1,7 Millionen Wahlberechtigte hatten sich vom 31. Januar bis zum 13. Februar 2019 in ihren Rathäusern dafür eingetragen. Das Votum der Bürgerinnen und Bürger war Ausdruck einer offenkundigen gesellschaftlichen Erwartung, den Artenschwund im Freistaat Bayern zu stoppen und die noch vorhandene Artenvielfalt konsequent zu schützen (StMUV 2024).

Die im Wesertal aber nach wie vor in hohem Maße fortschreitende Intensivierung der landwirtschaftlichen Flächennutzung zeigt allerdings, dass dieser Bewusstseinswandel (noch?) nicht alle Bereiche erfasst hat bzw. offensichtlich sogar in eine gegensätzliche Richtung läuft. Hier wird abzuwarten sein, wie und ob sich die zukünftige EU-Agrarpolitik oder Maßnahmen aus dem »Niedersächsischen Weg« auf das Mittelwesertal auswirken werden. Gleiches gilt für die Umsetzung der Ergebnisse der Weltnaturkonferenz vom Dezember 2022. Demnach soll weltweit von der Zerstörung hin zur Wiederherstellung der Natur umgesteuert werden und dafür unter anderem mindestens 30 Prozent der Land- und Meeresfläche bis 2030 unter effektiven Schutz gestellt und geschädigte Ökosysteme regeneriert werden (BMUV 2022). Allerdings gibt es in dem neuen Naturschutzabkommen keine wirksamen Sanktionsmöglichkeiten, wenn Länder ihre Natur doch nicht entsprechend flächenmäßig schützen. Außerdem sind viele Formulierungen schwammig, und Messgrößen für Kontrollindikatoren fehlen (Glaubrecht 2023).

Diese kritischen Aussagen scheinen ihre Bestätigung im Frühjahr 2024 zu erhalten, als »offenbar aus Furcht vor weiteren Bauernprotesten und einem weiteren Erstarken rechtspopulistischer Parteien bei den bevorstehenden Europawahlen die EU-Kommission Stück für Stück zentrale Bausteine ihrer Naturschutzpolitik« aufgibt (Krumenacker 2024, S. 5). So ist plötzlich die ursprünglich geplante Halbierung bei der Verwendung von Insekten- und Pflanzenschutzmitteln bis 2030 genauso vom Tisch wie die eigentlich im Rahmen der Gemeinsamen EU-Agrarpolitik vorgesehene Maßnahme, vier Prozent der Landwirtschaftsflächen als Brachflächen für die Natur zu reservieren.

Diese aktuellen Beispiele politischen Handelns machen deutlich, dass die Mensch-Umwelt-Beziehung nur in sehr eingeschränktem Maße rationalen Abwägungen unterliegt. Obwohl allen relevanten Akteuren bekannt ist, dass ein zeitnahes und umfassendes Transformieren der Lebens- und Wirtschaftsweisen dringend nötig ist, unterbleibt es aus (macht)politischen und wirtschaftlichen Gründen. Die Trägheit und Komplexität der heutigen Gesellschaftssysteme geben entsprechende Grenzen vor. Zugespitzt formuliert, bedeutet das, dass kurzfristige Bereicherung, Macht und Gier beim Individuum die Entscheidungen bestimmen; Langzeitfolgen werden dagegen weniger stark gewichtet, obwohl es um die Lebensgrundlagen der eigenen Kinder und Enkel geht. Aber warum ist das so? Warum lassen wir uns von der Aussicht auf schnelle Erträge leiten und tun uns so schwer damit, zugunsten eines zukunftsorientierten und schonenderen Umgangs mit den Ökosystemen zu handeln?

Was uns antreibt

Ein Teil der Antwort liegt sicherlich in der beschriebenen menschlichen Einschränkung, Landschaftsveränderungen über lange Zeiträume bewusst wahrnehmen zu können und außerdem selbst aktiv in deren Entwicklung eingebunden zu sein. Das erklärt aber noch nicht, woher der innere Antrieb bzw. die »Motivation« kommt, Ökosysteme zerstörerisch zu behandeln. Unser heutiges Wissen sollte uns doch eher zu der Erkenntnis führen, mit den eigenen Lebensgrundlagen »pfleglich« umzugehen. Offensichtlich ist in vielen Landschaften aber ein gegenteiliges Handeln zu beobachten. Bei der Suche nach den Ursachen für dieses Verhalten hilft ein Blick in die menschliche Entwicklungsgeschichte.

Der Evolutionsbiologe und Wissenschaftshistoriker Matthias Glaubrecht (2023) hält zum Verständnis die »Naturen« des Menschen für entscheidend, deren Modell der Anthropologe Carel van Schaik und der Historiker Kai Michel entwickelt haben (van Schaik/Michel 2023). Die Naturen haben sich demnach im Laufe der Jahrmillionen der Menschwerdung herausgebildet und bestimmen immer noch unser aktuelles Handeln.

In der ersten Natur verfügen wir über angeborene Fähigkeiten und Verhaltensweisen und verdanken sie unserer biologischen Abstammung und Entwicklung, die dafür sorgte, dass wir uns physisch oder psychisch immer mehr oder weniger gut in unseren jeweiligen Lebensraum einpassten und über Jahrhunderttausende im Alltag kleiner Jäger- und Sammlergruppen überlebten. Matthias Glaubrecht kombiniert diese Eigenschaften mit Forschungsergebnissen der Psychologie und schließt daraus, dass wir unserer biologischen Natur als Pioniere bei der Erschließung neuer Lebensräume unseren evolutionären Erfolg verdanken. In unsere Mentalität ist über Jahrhunderttausende verankert worden, dass Natur ein freies Gut ist, unerschöpflich und kostenlos, ein Geschenk der Schöpfung, von dem wir uns nehmen können, was wir brauchen (Glaubrecht 2023). Dieses Verständnis erklärt auch die oben beschriebene »Eroberungshaltung« in einer Art Krieg gegen die Natur. Wir zerstören nach der eigenen Wahrnehmung nicht, sondern entnehmen nur, es ist ja genug da (gewesen). Wenn als Jäger und Sammler alle Ressourcen erschöpft waren, zogen wir in eine andere Landschaft weiter.

Die zweite Natur verdanken wir der kulturellen Evolution, worunter unsere Sitten und Gebräuche verstanden werden (van Schaik/Michel 2023). Die damit einhergehenden Regeln und Verhaltensweisen sind zum Funktionieren einer Landwirtschaft betreibenden, größeren und sesshaften Gesellschaft zwingend notwendig. Diese »kulturelle Natur« erlernen wir in der Kindheit und im familiär-sozialen Umfeld. Sie sorgt dort für schnelle Lösungen, wo unsere biologische Natur viel zu langsam wäre, so wie es beim Übergang zum Sesshaftwerden notwendig war. Carel van Schaik und Kai Michel zeigen unter anderem mit Erkenntnissen der Religionswissenschaften eindrucksvoll auf, dass sich damals zentrale kulturelle Strategien im Alten Testament manifestierten und damit Regeln und Verhaltensweisen das neuartige Zusammenleben erst möglich machten. Neben der »Erfindung des Eigentums« wurde vor allem »die Legitimation der Herrschaft der Wenigen über die Vielen« eingeführt (van Schaik/Michel 2023, S. 176), was die gesellschaftliche Krisenbewältigung beim Übergang vom Jäger und Sammler zur sesshaften Bauernfamilie ermöglichte.

Die dritte Natur schließlich ist unsere Vernunft, die mit Logik arbeitet und uns als rationales Problemlösungsinstrument hilft. Sie war es, die die kritische Umweltsituation am Ende der letzten Eiszeit erkannte und neue Lösungen für einen gesellschaftlichen Umbau in schneller Zeit bereitstellte. Die Erfindung der »Herrschaftsreligionen«, wie Carel van Schaik und Kai Michel sie 2023 bezeichnen, stellten die entscheidenden Weichen beim Übergang von der Jäger-Sammler-Gesellschaft zur sesshaften Landwirtschaft betreibenden Gesellschaft.

Für die Landschaftsentwicklung ist ein Merkmal der ersten Natur entscheidend, nämlich dass der Mensch die mit Abstand längste Zeit (99 Prozent) seiner Evolution »vom ökologischen Egoismus eines nomadisierenden Pioniers« profitierte, der schließlich »auch den modernen Menschen zum globalen Naturplünderer« gemacht hat (Glaubrecht 2023, S. 469). Wenn der Mensch in eine neue Landschaft kam, hat er sie geplündert und ist dann weitergezogen. Aus diesem Grund erscheint es nur auf den ersten Blick unvernünftig, wie wir heute mit unserer Umwelt umgehen. Im Kern entspricht es unserer ersten Natur, »unserer ureigenen biologischen Verhaftung und unserem Primatenerbe« (ebd., S. 470).

Der Mensch ist es evolutiv nicht gewohnt, nachhaltig zu denken und zu wirtschaften oder im ökologischen Maßstab über Konsequenzen seines Handelns nachzudenken. Dies wurde auch in der kulturellen Natur (bisher) nicht gefordert. Es könnte damit zusammenhängen, dass der Erhalt der eigenen Macht und die stetige Anhäufung materieller Reichtümer (Eigentum) erst seit der Sesshaftwerdung gesellschaftlich etabliert sind. Deshalb haben wir auch evolutionsgeschichtlich keine mentale Kontrolle für Reichtum oder Gier entwickelt, »weil wir in prähistorischen Zeiten nie dauerhaft im materiellen Überfluss lebten. Deshalb hält uns in Sachen Eigentum kein Sättigungsgefühl zurück« (van Schaik/Michel 2023, S. 111), und nachhaltiges Verhalten fällt uns darum so schwer.

Mit diesem Exkurs in die menschliche Evolution und Verhaltenspsychologie ergeben sich weitere Erklärungsmuster zum Verständnis des Kulturlandschaftswandels und warum dessen Intensität immer stärker wird. Wenn für die Kulturlandschaft die menschliche Lebens- und Wirtschaftsweise so bedeutend ist, müssen auch die menschlichen Naturen und Antriebe in das Landschaftsverständnis mit einfließen. Was uns antreibt, ist im Grunde eine Mischung aus zwei Welten – unserem evolutiven Erbe als Ergebnis der biologischen Pioniernatur und der Kultur als zweite Natur. Unser Hochleistungsgehirn und die Sprache versetzen uns dabei in die Lage zur kulturellen Evolution; zur Weitergabe von komplexen Techniken an die nächsten Generationen, die diese stetig weiterentwickeln und damit die natürliche Evolution sozusagen »austricksen« oder »überholen«.

Am Ende der Eiszeit ermöglichte diese Fähigkeit unser Überleben und leitete zugleich das Ende der Naturlandschaft ein, indem die Entwicklung der Kulturlandschaft begann. Allerdings will unsere biologische Natur bis heute im »Pioniermodus« die Landschaft plündern, wie schon vor 50.000 oder 150.000 Jahren. Wir ziehen heute nach dem Ressourcenverbrauch aber nicht mehr weiter in eine andere Region, sondern verbleiben fest am Heimatstandort. Wohin sollten wir auch gehen, alle anderen Räume sind schon längst besiedelt, ein Ausweichen nicht mehr möglich. Und so leben wir die in uns tief verankerte Pioniermentalität dank der kulturellen Evolution mit fast grenzenlosen Kräften aus, ohne den Raum zu wechseln, was sich auf die Landschaften entsprechend auswirkt. Die hohe Wirksamkeit der kulturellen Evolution manifestiert sich im extremen Bevölkerungswachstum und der Besetzung fast aller Lebensräume des Planeten.

Die kulturelle Evolution der Menschheit spiegelt sich zweifelsfrei in den Kulturlandschaften wider. Die Mensch-Umwelt-Beziehung ist von unseren Gesellschaften aber bisher – trotz aller Modernität und Wissenschaft – nur bedingt logisch-rational steuerbar, da die lange Periode der Menschwerdung unser Verhalten bis in die Gegenwart in Form des Pionierverhaltens beeinflusst. Deshalb ändern wir auch unseren Umgang mit Ökosystemen nicht, ganz im Gegenteil. Die kulturelle Evolution versetzt uns sogar seit wenigen Jahrhunderten dazu in die Lage, die Pioniernatur weltweit immer effizienter umzusetzen, vielleicht sogar in einer Art »Rausch« auszuleben. Letztlich kommt es zwischen diesen beiden Faktoren in gewisser Weise zu synergetischen Effekten, insofern die Pioniermentalität durch die kulturelle Evolution immer wirkungsvoller wird und dadurch (noch) ständig neue Ressourcen erschlossen werden, was wiederum die kulturelle Basis durch eine wachsende Zahl an Menschen verbreitert.

Dies mag erklären, warum es nach wie vor zu einem zerstörerischen Umgang mit den natürlichen Ressourcen kommt, obwohl die Notwendigkeit für den Erhalt dieser Lebensgrundlagen längst erkannt wurde. Unsere Art ist mit ihrem Vorgehen aus »Sicht« der Evolution (bisher) äußerst erfolgreich, warum sollten wir also etwas ändern? Und wie wir oben gesehen haben, tun wir uns damit sehr schwer, evolutionäre Prozesse überhaupt zu erfassen. Dies gilt besonders dann, wenn wir selbst darin eingebunden sind. Was sind schon 12.000 Jahre von zwei Millionen Jahren Menschwerdung? Zu begreifen, dass hier noch sehr alte und bewährte »Programme« in uns ablaufen, erscheint bei näherem Hinschauen absolut plausibel. Versuchen wir mit diesen Erkenntnissen abschließend noch einen vorsichtigen Blick in die Zukunft zu wagen.

Die nächsten Jahrzehnte

Es wurde deutlich, dass sich in der wandelnden Landschaft die kulturelle Evolution des Menschen widerspiegelt. Dabei können wir aktuell Dinge in unserer Lebensumwelt beobachten, die Zweifel an einer zukunftstauglichen Fortentwicklung aufkommen lassen. Die gegenwärtige und die zukünftigen Generationen werden ebenfalls ihren »(Landschaftsnutzungs-) Fußabdruck« in die Kulturlandschaften Deutschlands einbringen. Wie früher schon werden dabei viele Impulse und Innovationen von außen auf die Regionen einwirken und hier zu entsprechenden (raumrelevanten) Handlungen der Menschen führen bzw. Maßnahmen oder Reaktionen erfordern. In welcher Art und in welchem Umfang, können wir dann einerseits im Gelände unserer Heimatregionen beobachten, andererseits auch in gewisser Weise eine Zeit lang aktiv mit beeinflussen.

Wie ausgeführt, ist damit aber nicht zwangsläufig verbunden, dass wir das jeweilige »Landschaftszwischenstadium« wirklich bewusst wahrnehmen. Ob sich viele unserer Regionen in ihren Strukturen weiter nivellieren werden und damit Gefahr laufen, zu beliebigen »Standardlandschaften« (Schenk 2011, S. 59) zu werden, was durch eine weitere »Vereinheitlichung unserer Kulturlandschaft« (Poschlod 2017, S. 246) gekennzeichnet wäre, liegt deshalb aber trotzdem in unser aller Händen und Verantwortung. Wichtig ist für die Landschaften dabei nach Ulrich Hampicke (2018), die Spaltung der Gesellschaft »in Bauern und Nicht-Bauern« abzumildern, wofür gemeinsame Handlungen bzw. Projekte gut geeignet sind. Die Glaubwürdigkeit ließe sich weiter steigern, wenn »die Nicht-Bauern ihr Interesse an einer vielseitigeren Kulturlandschaft *vorleben*, indem sie in ihren Gärten Rollrasen und Friedhofgehölze beseitigen und stattdessen (...) ein Blütenmeer für Insekten schaffen. Dann braucht ihr Bauern das nur im Großen nachzumachen« (Hampicke 2018, S. 257).

Bernd-Jürgen Seitz (2017) weist in diesem Zusammenhang auf die großen Unterschiede hin, die die Bedeutung von Natur- und Landschaftsschutz für einzelne Bevölkerungsgruppen hat. Während die städtische Bevölkerung tendenziell Naturschutz hoch bewertet (oft Urlaubs- und Erholungsorte), wird die Ausweisung von Schutzgebieten von der ländlichen Bevölkerung tendenziell als Einschränkung empfunden, da sie sich oft auf die dort präsente land- und forstwirtschaftliche Nutzung begrenzend auswirkt.

Hinzu kommt, dass viele Äcker und Weiden gar nicht den darauf wirtschaftenden Bauernfamilien gehören, sondern dass sie nur gepachtet sind. Die Eigentümerinnen und Eigentümer gehören oft zu einer Erbengeneration, die vor allem an Pachteinnahmen und weniger an Landschaft und Umwelt interessiert ist. Nach eigenen Beobachtungen werden in der Modellregion sogar vereinzelt Rationalisierungsmaßnahmen wie »Heckenrodungen« oder »Kopfbaumentfernungen« (ungesehen) durchgeführt, da die Ackerflächen nach solchen Maßnahmen maschinengerechter zu bewirtschaften sind und damit die Erzielung einer höheren Pacht ermöglichen. Ebenfalls aus diesem Grund wird das Auftreten seltener Tierarten abgelehnt und teils aktiv verhindert, da es zu einem »Schutzstatus« auf der Fläche führen könnte. Damit wären möglicherweise Einschränkungen für die landwirtschaftliche Nutzung und entsprechende Konsequenzen für den Pachtzins verbunden.

Da diese Probleme bekannt sind, betonen viele Agrarökonomen bei der Suche nach Lösungen vor allem die Notwendigkeit, die landschaftsrelevanten Folgen durch die agroindustrielle Landwirtschaft zu ändern. Sie fordern deshalb den Totalumbau der Agrarpolitik, um vernünftige agrarpolitische Rahmenbedingungen zu schaffen, damit Landwirtinnen und Landwirte auch als Unternehmerinnen und Unternehmer tatsächlich Ökosystemleistungen für Klimaschutz und Biodiversität liefern können (Grill 2023, Henning 2024).

Sind solche Forderungen und Wünsche für die Zukunft unserer Landschaften realistisch? Werden wir als Homo oeconomicus mit ständig zunehmender Wirtschaftlichkeits- und Effizienzausrichtung unserer Gesellschaften wirklich freiwillige Veränderungen im Umgang mit unseren Landschaften erleben? Stand heute: wohl kaum; für umfassende und schmerzhafte Veränderungen ist der Handlungsdruck aktuell noch zu niedrig, wie das Beispiel des schnellen Kurswechsels bei der EU-Agrarpolitik zeigte. Wirtschaftliche Vorteile oder politische Macht werden bekanntlich nicht leichtfertig aufgegeben, dafür sind sie über die zweite Natur seit 12.000 Jahren viel zu tief in alle Ebenen unserer Gesellschaften eingebunden. Außerdem ist der Pioniermodus unserer ersten Natur weiterhin hochaktiv, und wie gezeigt wurde, tun wir uns mit nachhaltigem Handeln schwer, sodass täglich 80 Fußballfelder Landschaft in Deutschland für Siedlung und Verkehr »verbraucht« werden. Was bedeutet das dann für die zukünftigen Kulturlandschaften?

Zunächst steht fest, dass sich in den letzten Jahrzehnten das Verhältnis der wechselseitigen Mensch-Umwelt-Beziehungen immer mehr zugunsten des Menschen verschoben hat, nicht nur in Deutschland, sondern weltweit. Seit einigen Jahren deutet sich in vielen Regionen allerdings an, dass sich diese Entwicklung in naher Zukunft grundsätzlich ändern bzw. sogar umkehren könnte, der tägliche Blick in die Nachrichten macht es deutlich. Der Umgang mit den natürlichen Ressourcen, mit den Landschaften und der Atmosphäre zeigt Wirkung und äußert sich unter anderem im Artensterben und Klimawandel. Die Zeiten der absoluten Unabhängigkeit von den natürlichen Gegebenheiten scheinen zu enden. Konkret bedeutet das, dass wir uns schnell ändernden (Umwelt-)Bedingungen wie Dürreperioden, Starkregen oder Hitzewellen wirtschaftlich und gesellschaftlich zeitnah anpassen müssen. Die Folgen wie Missernten, Überschwemmungen oder Wassermangel könnten uns zu anderen Lebens- und Wirtschaftsweisen als im vergangenen Jahrhundert zwingen. Allerdings wird dies im globalen Maßstab nicht so schnell umzusetzen sein, da wir seit Mitte des letzten Jahrhunderts von 2,5 Milliarden auf heute über acht Milliarden Menschen gewachsen sind und immer noch weiterwachsen. Und alle Menschen benötigen Ökosystemleistungen. Aber gibt es keine Hoffnung und keine Lösungen?

Szenario eins: Die Vernunft rettet uns

Da die Folgen von unserer Vernunftnatur längst erkannt wurden, sind erste Transformationsprozesse vor allem zur Vermeidung des CO_2-Ausstoßes von vielen Ländern eingeleitet worden. Während damit dem Klimawandel entgegengewirkt werden soll, werden parallel auch Maßnahmen zum Ressourcenschutz oder zur Ausweitung von Schutzgebieten auf globaler Ebene diskutiert und teilweise umgesetzt. Es gibt viele erfolgreiche Projekte im Zusammenhang mit nachhaltiger Entwicklung sowie Umwelt-, Landschafts- und Naturschutz, wofür unter anderem Bernd-Jürgen Seitz (2017), Ulrich Hampicke (2018) oder Ute Scheub und Stefan Schwarzer (2023) gute nationale und internationale Praxisbeispiele aufzeigen. Hierzu gehören auch die umfangreichen Aktivitäten von Umweltverbänden, die seit Jahren deutschlandweit erhaltenswerte Grundstücke erwerben und sichern oder einer extensiven Bewirtschaftung zuführen.

Da der Landwirtschaft eine Schlüsselrolle bei der Gestaltung zukunftsfähiger Ökosysteme zukommt, wären schnell umzusetzende Maßnahmen im sogenannten Produktionsintegrierten Ansatz zu finden. Hierunter wird eine langfristige Bewirtschaftung verstanden, die den Naturschutzwert der landwirtschaftlichen Fläche erhöht (Gödeke et al. 2013). Von zentraler Bedeutung ist die bewusste Einbindung von Landschafts- und Umweltschutzmaßnahmen in die konventionelle Landwirtschaft. Dabei können eine Vielzahl von einfachen Vorgehensweisen zu wirkungsvollen Ergebnissen führen, wie die Vorschläge von Katja Gödeke et al. (2013) zeigen. So lässt beispielsweise doppelter Reihenabstand im Getreide in Kombination mit einer Reduktion von synthetischer Stickstoffdüngung und Pflanzenschutzmitteln schnell Ackerwildkräuter wachsen, welche wiederum den gefährdeten Insekten und Tieren der Feldflur als Nahrung dienen. Es eröffnen sich damit Chancen für die Landwirtschaft und für Teile der Ökosysteme, da die Ackerflächen erhalten bleiben und Arten geschützt und gefördert werden, die auf die Landnutzung angewiesen sind (Gödeke et al 2013).

Widerstandsfähige Kulturlandschaften

Diese Maßnahmen könnten mit der sogenannten Regenerativen Landwirtschaft kombiniert werden, deren Umsetzung allerdings nur langfristig zu erreichen ist. Hierzu liefert eine gemeinsame Studie der Boston Consulting Group (BCG) und des Naturschutzbundes Deutschland (NABU) aus dem Jahr 2023 aktuelle Ergebnisse. Die Vermeidung jeglicher Bodenbearbeitung inklusive Direktsaat, dauerhafte Bodenbedeckung idealerweise mit Pflanzen oder alternativ mit Mulchschicht und die Förderung der Biodiversität einschließlich breiterer Fruchtfolgen stehen dabei im Mittelpunkt (Kurth et al. 2023 sowie Scheub/Schwarzer 2023).

Diese Praktiken ermöglichen nach Einschätzung der Autoren eine wachsende Unabhängigkeit der Landwirtschaft von der Agrarindustrie und der deutschen Wirtschaft von Gasimporten. Außerdem erleichtert sie die Schließung regionaler Stoffkreisläufe, die Regeneration der Biodiversität und Wasserkreisläufe in Agrarökosystemen bei gesünderer und gesicherter Nahrungsversorgung der Bevölkerung. Die Analyse zeigt weiter, dass Regenerative Landwirtschaft die Gewinne der Agrarbetriebe im Vergleich zur konventionellen Wirtschaftsweise um bis zu 60 Prozent steigern kann, was auf geringere Betriebsmittelkosten, betriebliche Einsparungen und größere Widerstandsfähigkeit bei extremen Wetterbedingungen zurückgeführt wird. Die Autoren heben aber auch hervor, dass die Vorteile in der Theorie zwar schnell überzeugen, allerdings »die Umstellung in der Praxis (…) nicht einfach sein« wird (Kurth et al. 2023, S. 53). Eine der größten Hürden dürfte dabei »der tief verwurzelte Glaube vieler deutscher Agrarbetriebe an die Vorteile synthetischer Betriebsmittel, Bodenbearbeitung und all der anderen Methoden der konventionellen Landwirtschaft« sein (ebd., S. 54).

Ebenfalls beim Artenschutz deutet sich ein Umdenken zögerlich an, und vielleicht führen – trotz aller Kritik – die noch zu ergreifenden Maßnahmen des Montreal-Abkommens bis zur Mitte des 21. Jahrhunderts doch weltweit zu wirkungsvollen Strategien und Maßnahmen. Der technische Fortschritt ermöglicht es vielleicht sogar, Saatgut und Nutzpflanzen zu erzeugen, die zukünftig völlig ohne chemische Giftkeule auskommen und mit erhöhten Erträgen dann die Weltbevölkerung von elf Milliarden Menschen ernähren können. Vielleicht gelingt es in den kommenden drei bis vier Jahrzehnten, die Lebens- und Wirtschaftsweisen aller menschlichen Gesellschaften auch mithilfe von künstlicher Intelligenz (noch) rechtzeitig so anzupassen, dass ein Leben unter stark schwankenden Extremwetterbedingungen in neuen Kulturlandschaften weiterhin möglich ist.

Ein globaler Verhaltenskodex?

Matthias Glaubrecht (2023) formuliert die Hoffnung, dass ein neuer globaler Verhaltenskodex dabei helfen könnte, die vielfältigen Herausforderungen zu bestehen. Damit ist ein ähnlich starker Impuls gemeint, wie bei der Umstellung auf Landwirtschaft und Sesshaftigkeit nach der letzten Eiszeit. Damals gelang die Krisenbewältigung durch eine grundlegende Transformation der Lebens- und Wirtschaftsweisen mit neuen soziokulturellen Regeln, wobei hierfür der Erfindung der Religionen die Schlüsselrolle zukam (van Schaik/Michel 2023).

Vielleicht schaffen wir es noch mal und erleben in der zweiten Hälfte dieses Jahrhunderts wieder einen innovativen Stark-Impuls, der uns die neuen Herausforderungen meistern lässt? Immerhin waren es in den vergangenen Jahrtausenden vor allem Krisen und Katastrophen, die uns zu besonderen Innovationen angetrieben bzw. gezwungen haben, »ohne sie säßen wir vermutlich noch immer plaudernd um ein Lagerfeuer« (van Schaik/Michel 2023, S. 264).

Tatsächlich sind frühere Gesellschaften schon mehreren Krisensituationen mit entsprechenden Innovationen entgegnet: Die ortsfesten Siedlungen entstanden nach der Krisensituation der Spätantiken Eiszeit und den Völkerwanderungen. Sie boten die Basis für wachsende Staaten, Schutz vor Aggressoren und begründeten die Hochphase des Mittelalters und des

Städtewachstums. Die Aufklärung mit den modernen Wissenschaften entstand nach der Krise der mittelalterlichen Kleinen Eiszeit und der übernutzten Ökosysteme. Dies führte bis ins 21. Jahrhundert und in die sich heute abzeichnende Klima- und Artenkrise (s. hierzu Abbildung 44, S. 135).

Vielleicht gehören die aktuellen geopolitischen Ereignisse schon längst zum Anfang eines länger dauernden Transformations- und Umverteilungsprozesses, der zu einem neuen globalen Verhaltenskodex und widerstandsfähigen Landschaften führt? Nach sieben Jahrzehnten des Wachstums »hat für die westlichen Gesellschaften eine Epoche des Verzichts begonnen. Die Klimawende wird zunächst mal extrem teuer, die Klima-Anpassung wird es ebenfalls, und dann bleiben uns die immer weiter steigenden Klimaschäden« (Ulrich 2024, S. 4). Es deutet sich an, dass in zukünftigem Wachstum weniger direkt genießbarer Wohlstand und weniger materieller Konsum stecken werden. Verzicht erscheint in Zukunft unausweichlich, »den Wohlhabenden wird ernstlich etwas weggenommen« (ebd.), was viele aktuelle politische Entwicklungen und Konflikte erklärt. Vielleicht können wir diesen Prozess aufgrund unserer Eingebundenheit heute nur nicht wahrnehmen und zukünftige Generationen wissen es erst in der Rückschau in 100 Jahren?

Die hier kurz skizzierten Maßnahmen belegen aber, dass die Wege zur Gestaltung einer Kulturlandschaft, die gegen den Klimawandel widerstandsfähig ist und das Artensterben reduziert, bekannt sind. Und ihr Aussehen lässt sich sogar umreißen: Es sind »kleinteilig strukturierte, artenreiche, multifunktionale Landschaften – Wälder, Wiesen, Äcker, Feuchtgebiete –, deren kleine Wasserkreisläufe intakt sind, so dass sie die Erde kühlen. Extremwettern, Dürren und Fluten wird auf diese Weise vorgebeugt und alle Lebewesen finden darin ein Auskommen« (Scheub/Schwarzer 2023, S. 19).

Kennen wir die hier beschriebenen Landschaften nicht irgendwoher? Richtig, es sind viele Merkmale aus den vergangenen Kulturlandschaften, wie wir sie in den Zeitreisen kennengelernt haben. In dem sehr aussagekräftigen Buch von Ute Scheub und Stefan Schwarzer (2023) finden sich noch weitere Ergebnisse, die in diese Richtung weisen, inklusive umfangreicher Maßnahmen für eine »Regenerative und Aufbauende Landwirtschaft« mit dem Ziel, »die drei schlimmsten Überschreitungen der planetaren Belastungsgrenzen rückgängig zu machen (…): Artensterben, Stickstoff-Überlastung und Klimakrise« (Scheub/Schwarzer 2023, S. 165).

Es wird deshalb darauf ankommen, in unseren Heimatregionen die Gebiete zu finden, aus denen (wieder) leistungsfähigere Ökosysteme entstehen können. Dabei liefern vergangene Landschaften die Ideen für mögliche Rekultivierungsräume und wie wir diese mit moderneren (Land-) Bewirtschaftungsformen verbinden und unterstützen können. Die Kombination mit unseren gesellschaftlichen Ansprüchen, Lebens- und Wirtschaftsweisen lässt dann die zukunftsfähigen Kulturlandschaften von morgen entstehen. Wir wissen längst, was zu tun ist und wie es geht, wir müssen es nur tun.

Die Beispiele zeigen, dass unsere Vernunftnatur schon längst »zu liefern« beginnt, woraus wir Hoffnung schöpfen können. Aber was geschieht, wenn wir die bereitgestellten und hier angedeuteten Lösungen ignorieren oder sie nicht weiterentwickeln und auf globaler Ebene umsetzen? Was passiert, wenn wir diesmal zu langsam und zu wenige Staaten bereit für grundlegend neue Lebens- und Wirtschaftsweisen sind?

Szenario zwei: Wir sind zu langsam

Für eine Antwort kann abschließend auf ein Zukunftsszenario mit dem Impulsmodell (Abbildung 46, S. 138) zurückgekommen werden: Demnach kann die Annahme als sehr wahrscheinlich gelten, dass ein neuer Stark-Impuls in Form einer globalen Klimaveränderung bevorsteht, da die Zukunft des Klimawandels bereits begonnen hat (Böhm et al. 2019). Wie, wann und in welcher Intensität, wissen wir nicht genau. Recht sicher ist hingegen, dass in den kommenden Jahrzehnten ohne ein globales Umsteuern beim Kohlendioxidausstoß nach und nach verschiedene Kipppunkte überschritten werden (PIK 2019), sodass dann ab dem Jahr 2100 weltweit bis zu vier Grad höhere Temperaturen herrschen könnten. Mit diesem klimatischen Stark-Impuls würden die Landschaften des Planeten in sehr kurzer Zeit komplett anders aussehen, etwa so, wie es in der Wochenzeitschrift »Die Zeit« im November 2019 eindrücklich beschrieben wurde (Böhm et al. 2019).

Die Folgen des Klimawandels werden noch von Auswirkungen des Artensterbens verstärkt, da auch hier voraussichtlich bald Kipppunkte überschritten werden, in deren Folge es zu kollabierenden Ökosystemen kommt (Glaubrecht 2023). Dies könnte sich zum Beispiel in massiven Ernteausfällen aufgrund fehlender Bestäuberinsekten oder dem Verschwinden ozeanischer Fischbestände äußern. In letzter Konsequenz bedeutet fehlende biologische Vielfalt »keine Nahrung, kein sauberes Trinkwasser, keine Luft zum Atmen, keine Medikamente aus Pflanzen, keine Wälder zum Wandern. (…) Das Angebot der Natur besteht aus einer breiten und reichhaltigen Produktpalette – Vogelgezwitscher am Morgen und farbenfroher Sonnenuntergang am Abend inklusive« (Glaubrecht 2023, S. 404).

Parallel zu den zusammenbrechenden Ökosystemen werden inner- und zwischenstaatliche Konflikte weltweit zunehmen und der voranschreitende Klimawandel diese Auseinandersetzungen noch verstärken. So kommt es dann vielleicht ab dem Jahr 2100 nach dem völligen Abschmelzen des Grönlandeises sogar zu einem abrupten Abriss des Golfstroms, der Europa bisher wärmt. Dies hätte dann wiederum eine drastische Abkühlung zur Folge und könnte zu eiszeitlichen Temperaturen in der Nordhemisphäre führen. Während für diesen Fall deutlich geringere Temperaturen von den meisten Forschenden erwartet werden, besteht über den Zeitpunkt eines »Golfstromkollaps« noch Uneinigkeit, es könnte auch schon Mitte dieses Jahrhunderts geschehen (Röhrich 2024). Auf jeden Fall wäre diese neue Eiszeit dann nach einer kurzen »Warmphase« schon der übernächste natürliche Stark-Impuls für die Landschaftsentwicklung.

Da diese beiden klimabedingten Impulse ihre Ursache im menschengemachten Klimawandel hätten, wären sie genau genommen nicht als »natürliche« Impulse zu bezeichnen. Dieses Detail dürfte dann aber für die Menschen kaum noch von Interesse sein.

Quellen, Karten und Literatur

Aas, G. (2004): Die Schwarzerle (Alnus glutinosa). Dendrologische Anmerkungen. In: LWF-Wissen. Bd. 42, S. 7–10.

Abel, W. (1967): Wüstungen in Deutschland. Stuttgart.

AB (1975): Amtsblatt Regierungsbezirk Hannover Nr. 10 vom 21.05.1975.

AK5 (2022): Amtliche Karte im Maßstab 1:5.000. Herausgegeben vom Landesamt für Geoinformation und Landesvermessung Niedersachsen (LGLN).

Bachmann, K. (2023): Die Eroberung Europas. In: Geo 4, S. 64–84.

Bauer, H. (1993): Die Kurhannoversche Landesaufnahme des 18. Jahrhunderts. Erläuterungen zu den farbigen Reproduktionen im Maßstab 1:25 000 mit Zeichenerklärung und Blattübersicht. Herausgegeben vom Niedersächsischen Landesverwaltungsamt – Landesvermessung.

Behre, K.-E. (1994): Kleine historische Landeskunde des Elbe-Weser-Raumes. Stade.

Behre, K.-E. (2008): Landschaftsgeschichte Norddeutschlands. Umwelt und Siedlung von der Steinzeit bis zur Gegenwart. Neumünster.

Behringer, W. (2010): Kulturgeschichte des Klimas. Von der Eiszeit bis zur globalen Erwärmung. München.

Berthold, J. / Bischop, D. (2016): Wie die Vorfahren lebten. Archäologische Spuren und Schätze. In: Zwischen Weser und Hunte. Eine kleine Landeskunde für die Landkreise Diepholz und Nienburg/Weser. Hrsg. Landesverband Weser-Hunte e. V.. Diepholz und Nienburg/W., S. 83–116.

Berthold, P. (2018): Unsere Vögel. Warum wir sie brauchen und wie wir sie schützen können. Berlin.

Böhm, A. / Grefe, C. / Kohlenberg, K. / Pinzler, P. (2019: Glühende Landschaften. Die Zukunft des Klimawandels hat bereits begonnen. In: Die Zeit Nr. 49/2019.

BfN (2022): Bundesamt für Naturschutz (Hrsg.): Landschaftssteckbrief »Mittleres Wesertal«. https://www.bfn.de/landschaftssteckbriefe/mittleres-wesertal, Datenabruf am 20.2.2022.

BfN (2024): Bundesamt für Naturschutz (Hrsg.): Naturschutzgebiete in Deutschland. https://www.bfn.de/daten-und-fakten/naturschutzgebiete-deutschland, Datenabruf am 24.5.2024.

BfN (2010): Bundesamt für Naturschutz: (Hrsg.) Bioenergie und Naturschutz. Synergien fördern, Risiken vermeiden. Bonn.

Bischop, D. (2013): Archäologische Denkmale in den Landkreisen Diepholz und Nienburg/Weser. Hrsg. Landschaftsverband Weser-Hunte e. V., Diepholz.

BK50 (2017): Bodenübersichtskarte von Niedersachsen 1:50.000. Stand 2017. Online abrufbar unter https://nibis.lbeg.de.

BMUV (2022): Der Beschluss von Montreal zum Schutz der Natur. Stand 20.12.2022. Veröffentlicht vom Bundesmin. f. Umwelt, Naturschutz, nukl. Sicherheit u. Verbraucherschutz, Berlin.

Blackbourn, D. (2008): Die Eroberung der Natur. Eine Geschichte der deutschen Landschaft. München.

Bockhop, H. (1967): Die Landwirtschaft. In: G. Stalling (Hrsg.): Der Landkreis Grafschaft Hoya. Heimatgeschichte – Kultur – Landschaft – Wirtschaft, S. 88–113.

Born, M. (1977): Geographie der ländlichen Siedlungen. Stuttgart.

Bork, H.-R. (2020): Umweltgeschichte Deutschlands. Kiel.

Breuer, W. (2017): Kein großer Wurf – ... aber ein Anfang. In: Nationalpark 4/2017, S. 30–33.

Breuste, J. (1994): Flächennutzung als stadtökologische Steuergröße und Indikator. In: Stadtökologie. Versuch einer Standortbestimmung. Geobot. Kolloq. 11, S. 67–81.

Brogiato, H. P. (2021): Kleiner Atlas der Siedlungsnamen Deutschlands. Hrsg. Leibniz-Institut für Länderkunde e. V. https://siedlungsnamenatlas.leibniz-ifl-projekte.de.

BStMUV (2024): Bayerisches Staatsministerium für Umwelt und Verbraucherschutz. Informationen zum Volksbegehren von 2019, Homepage abgerufen am 14.06.2024 unter: https://www.stmuv.bayern.de/themen/naturschutz/bayerns_naturvielfalt/volksbegehren_artenvielfalt/index.htm.

Bug, J., Plinke, A.-K., Affelt, L., Haders, D. (2021): Standortpotenziale Grundwasserabhängiger Landökosysteme (gwaLÖS). Erläuterung zur Kulissenerstellung und Bewertung der Vulnerabilität. In: GeoBerichte 43, Hannover (abgerufen unter: https://nibis.lbeg.de).

Büssis, H. (2006): Die Theorie von der extensiven Allmendenutzung – eine ökologische Fehlinterpretation! In: Charadrius 42, H. 1, S. 32–34.

BZ (2024): Forscher: Wir kommen beim Hochwasserschutz an technische Grenzen. In: Braunschweiger Zeitung vom 12.1.2024.

Caspers, G. (1993): Vegetationsgeschichtliche Untersuchungen zur Flußauenentwicklung an der Mittelweser. Abhandlungen aus dem Westfälischen Museum für Naturkunde. Heft 1.

Clark, C. (2022): Gefangene der Zeit. Geschichte und Zeitlichkeit von Nebukadnezar bis Donald Trump. München.

Cordes, R. (1981): Die Binnenkolonisation auf den Heidegemeinheiten zwischen Hunte und Mittelweser (Grafschaften Hoya und Diepholz) im 18. und frühen 19. Jahrhundert. Hildesheim.

Darwin, C. (1872/2018): Der Ursprung der Arten durch natürliche Selektion. Deutsche Übersetzung der letzten von Darwin bearbeiteten Ausgabe. Stuttgart/Regensburg.

Denecke, D. (2005): Wege der Historischen Geographie und Kulturlandschaftsforschung. Wiesbaden.

Destatis (2023): Statistisches Bundesamt. Diverse Tabellen zur Flächennutzung oder landwirtschaftlichen Nutzung unter: https://www.destatis.de/DE/Home/_inhalt.html

DH 22.08.2023: Die Harke: Bei Arbeiten fürs neue Erdkabel: Tausende Jahre alte Siedlung in Mehringen entdeckt. Tageszeitung vom 22.08.2023.

DH 11.10.2017: Die Harke: Kleine Bäche – große Bedeutung. Kreisverband für Wasserwirtschaft weist auf »Gewässer dritter Ordnung« hin. Tageszeitung vom 11.10.2017.

DH 16.8.2014: Die Harke: Sohlgleite ersetzt Kaskadenabsturz im Bückener Mühlbach. Tageszeitung vom 16.8.2014.

Diercke (1984): Wörterbuch der Allgemeinen Geographie. Braunschweig.

Dorfchronik Warpe (1991): Hrsg. Gemeinde Warpe. Warpe.

DOP (2021): Digitales Orthophoto. Herausgegeben vom Landesamt für Geoinformation und Landesvermessung Niedersachsen (LGLN). Abzurufen unter https://opengeodata.lgln.niedersachsen.de/#dop.

Drachenfels, O. v. (2010): Überarbeitung der Naturräumlichen Regionen Niedersachsens. Informationen des Naturschutz Niedersachsen 30, Nr. 4, S. 249–252.

DWD (2020): Deutscher Wetterdienst: Nationaler Klimareport. Offenbach am Main.

Egner, H. (2010): Theoretische Geographie. Darmstadt.

Eisenberg, C. (2024): Gebietskarte »Die Welt der Wikinger«, in: Zeit Geschichte Nr. 3/24.

Ehlich, H. (1987): Schweringen, Ortsteile Schweringen-Holtrup-Eiße, 850 Jahre. Eine Gemeinde an der Weser. Schweringen.

Ellenberg, H. (1996): Vegetation Mitteleuropas mit den Alpen in ökologischer, dynamischer und historischer Sicht. Stuttgart.

Ellenberg, H. / Leuschner, C. (2010): Vegetation Mitteleuropas mit den Alpen in ökologischer, dynamischer und historischer Sicht. 6. vollständig neu bearbeitete und stark erweiterte Auflage von C. Leuschner. Stuttgart.

Engehausen, F. u. a. (2022): Deutsche Geschichte. Von der Antike bis heute. Dudenverlag Berlin.

Feuerle, M. (2016): Die historische Entwicklung der Wirtschaft. In: Zwischen Weser und Hunte. Eine kleine Landeskunde für die Landkreise Diepholz und Nienburg/Weser. Hrsg. Landesverband Weser-Hunte e. V. Diepholz und Nienburg/W., S. 139–166.

Fischer, N. / Hoppe, A. / Küster, H. (2014): Das Landnutzungssystem der Heidebauern. Mineralstoffflüsse zwischen Grünland, Acker und Allmende. In: Berichte Reinh.-Tüxen-Ges. 26, S. 79–86. Hannover.

Flohn, R. (1967): Die Weser. In: G. Stalling (Hrsg.): Der Landkreis Grafschaft Hoya. Heimatgeschichte – Kultur – Landschaft – Wirtschaft, S. 206–207.

Freese, H.-D. (2023): Wo ist die Sammlung Harms geblieben? Luftbildarchäologe Heinz-Dieter Freese war auf Spurensuche im Landkreis Nienburg. In: Die Harke am Sonntag vom 30.07.2023.

Frie, E. (2023): Ein Hof und elf Geschwister. Der stille Abschied vom bäuerlichen Leben. München.

GK25 (1991): Geologische Karte von Niedersachsen 1:25 000 – Grundkarte 1991. Hrsg. Landesamt für Bergbau, Energie und Geologie (LBEG). Veröffentlicht auf dem NIBIS Kartenserver.

Glaubrecht, M. (2023): Das Ende der Evolution. Wie die Vernichtung der Arten unser Überleben bedroht. München.

Golkowsky, R. (1966): Die Gemeinheitsteilung im norddeutschen Raum vor dem Erlaß der ersten Gemeinheitsteilungsordnung. Hildesheim.

Gödeke, K. / Schwabe, M. / Bärwolff, M. et al. (2013): Produktionsintegrierte Kompensation (PIK). Maßnahmenvorschläge. Thüringer Landesanstalt für Landwirtschaft (Hrsg.), Jena.

Grill, B. (2023): Bauernsterben. Wie die globale Agrarindustrie unsere Lebensgrundlagen zerstört. München.

Habermann, E.-A. (1982): Landwirtschaft, Flurbereinigung, Jagd. In: 1100 Jahre Bücken (882–1982). Eystrup, S. 272–276.

Habermann, E.-A. (1982): Verkehrswege. In: 1100 Jahre Bücken. Eystrup, S. 263–264.

Hake, G. / Grünreich, D. (1994): Kartographie. 7. Auflage.

Haller, D. (2010): dtv-Atlas Ethnologie. 2., vollständig durchgesehene und korrigierte Auflage. München.

Hamann, M. (1982): Geschichte und Verfassung des mittelalterlichen Stifts Bücken. Erweiterter Vortrag, gehalten am 4. März 1982 in Bücken. In: Jahrbuch der Gesellschaft für niedersächsische Kirchengeschichte. 80. Band 1982.

Hampicke, U. (2018): Kulturlandschaft – Äcker, Wiesen, Wälder und ihre Produkte. Berlin.

Hampicke, U. (2013): Kulturlandschaft und Naturschutz. Probleme – Konzepte – Ökonomie. Wiesbaden.

Harari, Y. N. (2013): Eine kurze Geschichte der Menschheit. München.

Harari, Y. N. (2018): 21 Lektionen für das 21. Jahrhundert. München.

HaS (8.10.2017): Harke am Sonntag: Bald wieder Fische in Graue und Calle? Flurbereinigung in Warpe: Bäche sollen wieder in ihren ökologischen Urzustand zurückgeführt werden. Ausgabe vom 8.10.2017.

Hauptmeyer, C.-H. (2004): Niedersachsen. Landesgeschichte und historische Regionalentwicklung im Überblick. Hannover.

Haversath, J.-B. (1984): Die Agrarlandschaft im römischen Deutschland der Kaiserzeit. Passauer Schriften zur Geographie, Band 2. Passau.

Haversath, J.-B. (1997): Deutschland – Der Norden. Das Geographische Seminar. Braunschweig.

Härdtle, W., Ewald J., Hölzel N. (2008): Wälder des Tieflandes und der Mittelgebirge. Stuttgart.

Häßler, H.-J. (1991): Vorrömische Eisenzeit. In: Ur- und Frühgeschichte in Niedersachsen, S. 193–238. Stuttgart.

Henkel, G. (1993): Der Ländliche Raum. Gegenwart und Wandlungsprozesse. Stuttgart.

Henning, C. (2024): »Das ist ein grundsätzlicher Unmut«. Interview vom 14.1.2024 mit Prof. Dr. Christian Henning, Agrarökonom an der Uni Kiel in der Tagesschau. Online abgerufen unter https://www.tagesschau.de/inland/gesellschaft/bauern-protest-110.html

Hofmann, K. P. (2008): Der Gang durchs Feuer. Die bronzezeitlichen Brandbestattungen im Elbe-Weser-Dreieck. In: Horejs, B. / Kienlin, T. L. (Hrsg.): Siedlung und Handwerk. Studien zu sozialen Kontexten in der Bronzezeit. Beiträge zum Deutschen Archäologenkongress, Mannheim. S. 357–372.

Honselmann, K. (1958): Die Annahme des Christentums durch die Sachsen im Lichte sächsischer Quellen des 9. Jahrhunderts. In: Westfälische Zeitschrift 108, 1958/Internetportal »Westfälische Geschichte«, abgerufen am 13. März 2021.

Hornecker, E. (2003): Die Entwicklung der Grafschaft Hoya. In: Hoya. Daten, Fakten und Entwicklungen aus acht Jahrhunderten. Hrsg. Heimatmuseum für die Grafschaft Hoya. Hoya/Eystrup, S. 7–9.

Hornecker, E. (2023): Wie eine stille Insel. Hoyas weiter Weg ins Wirtschaftswunder. Hrsg. Stadt Hoya.

Humboldt, A. v. (1845/2004): Kosmos. Entwurf einer physischen Weltbeschreibung. Erste vollständige Gesamtausgabe der Originalveröffentlichung von 1845. Frankfurt am Main.

Isenbeck, O. (1971): Hoya. Die alte Grafenstadt an der Weser im Wandel der Geschichte. Hoya.

Jäger, H. (1953): Methoden und Ergebnisse siedlungskundlicher Forschung. In: Zeitschrift für Agrargeschichte und Agrarsoziologie, 1, S. 3–16.

Jäger, H. (1954): Zur Entstehung der heutigen großen Forste in Deutschland. Göttinger Beiträge zur Entwicklung der heutigen deutschen Kulturlandschaft. In: Berichte zur deutschen Landeskunde, 13, S. 156–171.

Jäger, H. (1992): Mittelalterlich-frühneuzeitliche Umweltwahrnehmung, vornehmlich nach Quellen aus dem südlichen und mittleren Deutschland. In: Geographie und ihre Didaktik. Teil 1, S. 167–182.

Jankuhn, H. (1961): Terra … silvis horrida. In: Archaeologia Geographica 10/11, 1961/63, S. 1–12. Zitiert nach Haversath 1997, S. 54.

Jankuhn, H. (1976): Archäologie und Geschichte. Band 1. Berlin/New York.

Joosten, H. (2023): Moor-Forscher Joosten: Deutschland muss jährlich 50.000 Hektar Moor wieder herstellen. Podcast im Deutschlandfunk. https://www.deutschlandfunk.de/moore-als-wirksamer-kohlenstoffspeicher-interview-hans-joosten-dlf-6d723c03-100.html

Jorzick, H.-P. (1952): Die Siedlungsstruktur der Weserniederung zwischen Hoya und Riede oberhalb Bremens. Hamburg.

Kallbach, H. / Wiehe, H. (1982): Früh- und Siedlungsgeschichte. In: 1100 Jahre Bücken (882–1982). Eystrup, S. 9–18.

Kausch, T. (2000): Die Einbindung des Gemeindegebiets in das kommunale Umweltmanagement. Bilanzierung der Inanspruchnahme von Flächen als methodischer Beitrag zur Messung der nachhaltigen Entwicklung am Beispiel der Gemeinde Uetze (Landkreis Hannover). Unveröffentlichte Magisterarbeit am Institut für Geographie und Geoökologie der Technischen Universität Braunschweig.

Kausch, T. (2003): Die wirtschaftliche Entwicklung der Grafschaft Hoya im Überblick. In: Hoya. Daten, Fakten und Entwicklungen aus acht Jahrhunderten. Hrsg. Heimatmuseum für die Grafschaft Hoya. Hoya/Eystrup, S. 97–132.

Kausch, T. (2023): Die Geschichte der Landschaft im Wesertal um Bücken. Wie Menschen und Umwelt sich gegenseitig prägen und was wir daraus lernen können. Bücken/Norderstedt.

KHL (1771): Kurhannoversche Landesaufnahme des 18. Jahrhunderts. Blatt 46 Hoya. Farbiger Nachdruck der Karte und Anpassung des Maßstabs auf 1:25.000. Reproduktion 2009. Aufgenommen 1771 durch das Hannoversche Ingenieurkorps. Herausgeber: Landesamt für Geoinformation und Landesvermessung Niedersachsen (LGLN). Mit Erläuterungsheft zur KHL.

Kirchner, P. (1996): Leitlinie »Naturschutz und Landschaftspflege in Verfahren nach dem Flurbereinigungsgesetz«. In: Mitteilungen aus der NAA. Hrsg. Alfred Töpfer Akademie für Naturschutz. H. 2.

Knapp, H. D. (2017): Die letzten Paradieswälder Europas. Rumäniens Urwälder zwischen Welterbe und Kettensäge. In: Nationalpark 4/2017, S. 12–17.

Konold, W. (1996) (Hrsg.): Naturlandschaft – Kulturlandschaft. Die Veränderung der Landschaften nach Nutzbarmachung durch den Menschen, Landsberg.

Kramer, W. / Keese, H. (1967): Wald, Wild und Landschaftsschutz. In: G. Stalling (Hrsg.): Der Landkreis Grafschaft Hoya. Heimatgeschichte – Kultur – Landschaft – Wirtschaft, S. 80–83.

Kremer, B. P. (2015): Kulturlandschaften lesen. Vielfältige Lebensräume erkennen und verstehen. Bern.

Krumenacker, T. (2024): Volle Düse Artenkrise. Gekippte EU-Pestizidverordnung. In: Spektrum der Wissenschaft Kompakt 11/24, S. 4–9.

Krüger, T. / Ludwig J. / Pfützke S. et al. (2014): Atlas der Brutvögel in Niedersachsen und Bremen 2005–2008. In: Niedersächsischer Landesbetrieb für Wasserwirtschaft, Küsten- und Naturschutz (Hrsg.), Heft 48. Hannover.

Ktg 12.3.2021: Kreiszeitung vom 12.3.2021: Fleckenrat Bücken macht sich für den Klimaschutz stark.

Ktg 14.4.2021: Kreiszeitung vom 14.4.2021: Erweiterung Hof XXXXX: Rat Warpe ebnet Weg für weitere Schritte.

Ktg 13.6.2022: Kreiszeitung vom 13.6.2022: Neue Perle im ländlichen Raum: Flurbereinigung in Warpe beendet.

Ktg 20.7.2022: Kreiszeitung vom 20.7.2023: Geplanter Kiesabbau in Stendern: Kreis weist Klagepunkte zurück – Gericht muss eine Entscheidung treffen.

Kurth T./Subei B./Plötner P. et al. (2023): Der Weg zu regenerativer Landwirtschaft in Deutschland – und darüber hinaus, o. O., www.bcg.de.

Kurz, P./Machatschek, M./Iglhauser, B. (2011): Hecken. Geschichte und Ökologie. Anlage, Erhaltung und Nutzung. Graz.

Küster, H. (2010): Geschichte der Landschaft in Mitteleuropa. Von der Eiszeit bis zur Gegenwart. Hannover.

Küster, H. (2011): Landschaft: eine Einführung. In: Ber. d. Reinh.-Tüxen-Ges. 23, S. 28–36, Hannover.

Küster, H. (2016): Wie das Land an Hunte und Weser entstand. In: Zwischen Weser und Hunte. Eine kleine Landeskunde für die Landkreise Diepholz und Nienburg/Weser. Hrsg. Landesverband Weser-Hunte e.V. Diepholz und Nienburg/W., S. 19–50.

Küster, H. (2017): Deutsche Landschaften. Von Rügen bis zum Donautal. München.

Langer, F. (2024): Sehnsucht Natur. Geliebte, entfremdete Wildnis. Halb so wild. In: Geo, 07/2024, S. 82–96.

LBEG (2001): Landesamt für Bergbau, Energie und Geologie (Hrsg.): Karte der ursprünglichen Moorverbreitung von Niedersachsen. Veröffentlicht 2001. https://nibis.lbeg.de/cardomap3/?TH=510#.

LBEG (2019): Landesamt für Bergbau, Energie und Geologie (Hrsg.): Methodik Basis-Emissionsmonitoring. Berechnung des Stickstoff-Flächenbilanzsaldos und der potenziellen Nitratkonzentration im Sickerwasser für das Jahr 2016, Stand: Februar 2019. Hannover.

LBEG (2023): LBEG zeigt neue Daten zu Klimawandel und Boden auf NIBIS®-Kartenserver: Potenzielle Beregnungsbedürftigkeit steigt an. Veröffentlicht am 14.6.2023 auf https://nibis.lbeg.de/

Leonhardt, S.D. (2022): Bestäuber im Sinkflug. In: Spektrum der Wissenschaft Spezial. Ökologie und Artenschutz. H. 3, S. 12–15.

Leser, H./Löffler, J. (2017): Landschaftsökologie. Stuttgart.

LGLN: Landesamt für Geoinformation und Landesvermessung Niedersachsen. Podbielskistraße 331, 30659 Hannover. www.lgln.niedersachsen.de.

LF (2006): Niedersächsische Landesforsten: Auszug aus dem Pflege- und Entwicklungsplan des Naturschutzgebietes zur historischen Entwicklung, Nutzungs- und Schutzgeschichte der Alhuser Ahe. Hannover. Veröffentlicht auf der Internetseite untere Naturschutzbehörde des Landkreises Nienburg 2022.

Licht, W. (2015): Zeigerpflanzen. Erkennen und Bewerten. Würzburg.

Liedtke, H./Marcinek, J. (1995): Physische Geographie Deutschlands. Gotha.

Lipps, S. (1988): Fluviatile Dynamik im Mittelwesertal während des Spätglazials und Holozäns. In: Eiszeit und Gegenwart, H. 38, S. 78–86, Hannover.

LK NI (2022): Landkreis Nienburg: Naturschutzgebiet Alhuser Ahe, NSG HA 010. Homepage abgerufen im Oktober 2022 unter: https://www.lk-nienburg.de/portal/seiten/naturschutzgebiet-alhuser-ahe-901001072-21500.html.

LK NI (2023): Landkreis Nienburg: Bekanntmachung unter https://www.lk-nienburg.de/portal/meldungen/beregnung-von-flaechen-wird-im-landkreis-nienburg-erneut-eingeschraenkt-temperaturgrenze-liegt-bei-24-grad-celsius-901008258-21500.html, abgerufen am 25.6.2023.

Löbbert, R. (2024): Glaube und herrsche. In: Zeit Geschichte 3/24, S. 80–85.

LRP (2020): Landschaftsrahmenplan des Landkreises Nienburg/Weser. Hrsg. Landkreis Nienburg, erstellt durch Planungsgruppe Umwelt, Hannover. Abrufbar auf den Internetseiten des Landkreises Nienburg/Weser.

LSN (2015): Landesamt für Statistik Niedersachsen: Katasterfläche in Niedersachsen (Gebietsstand: 1.1.2015). LSN-Online: Tabelle Z0000001.

LSN (2020) A: Landesamt für Statistik Niedersachsen: Landwirtschaftszählung (Agrarstrukturerhebung). Landwirtsch. Betriebe mit LF nach Größenklassen der landwirtsch. genutzten Fläche (LF). Gebietsstand: 1.1.2020. LSN-Online: Tab. Z6080011 und Landwirtschaftliche Betriebe und deren Fläche, Gebietsstand: 1.1.2020, Tab. K6080A14 und Landwirtschaftliche Betriebe nach Hauptnutzungs- und Kulturarten, Gebietsstand: 1.1.2001, Tab. Z6081013.

LSN (2020) B: Landesamt für Statistik Niedersachsen: Sozialversicherungspflichtig Beschäftigte am Arbeitsort in Niedersachsen (Gebietsstand: 1.1.2020). LSN-Online: Tabelle K70I5101.

LSN (2022): Landesamt für Statistik Niedersachsen: Bevölkerung und Katasterfläche in Niedersachsen (Gebietsstand: 1.11.2021), Bevölkerung am 30.09.2022. Tabelle A100001G.

LUBW (2016): Landesanstalt für Umwelt, Messungen und Naturschutz Baden-Württemberg, Referat 24 – Landschaftsplanung (Hrsg.). Den Kulturlandschaftswandel gestalten! o. O.

LWK (2021): Landwirtschaftskammer Niedersachsen. Leitlinien der ordnungsgemäßen Landwirtschaft. Oldenburg.

Martus, T. (2022): Wie die Klimakrise unser Essen verändert. Hitze und Dürre belasten Felder und Tiere. Was Landwirte jetzt tun, um sich anzupassen. In: Braunschweiger Zeitung vom 25.07.2022, S. 5.

Meibeyer, W. (1969): Über den Profilaufbau des Pflughorizontes in Wölbäckern. In: Zeitschrift für Agrargeschichte und Agrarsoziologie 17, S. 161–170.

Meisel, S. (1959): Die naturräumlichen Einheiten auf Blatt 72 Nienburg-Weser. Geographische Landesaufnahme 1:200.000. Natürliche Gliederung Deutschlands. Hrsg. Bundesanstalt für Landeskunde, Remagen.

Metzler, A. / Wilberz, O. A. (1991): Bronzezeit. In: Häßler, H.-J. (Hrsg.): Ur- und Frühgeschichte in Niedersachsen. Stuttgart, S. 155–192.

Meyer, H. (2003): Angaben des Hoyaer Stadtarchivars zu »Schweringen« (S. 82/83), »Märkte« (S. 64). In: Hoya. Daten, Fakten und Entwicklungen aus acht Jahrhunderten. Hrsg. Heimatmuseum für die Grafschaft Hoya. Hoya/Eystrup.

Mitterer, J. (2024): Wunsch und Wald. Wie soll es mit dem Naturschutz in Deutschland weitergehen. In: Die Zeit Nr. 28, S. 36.

Mohr, R. (1989): Veränderungen der Landschaft im Zuge der landwirtschaftlichen Intensivierung in Norddeutschland, dargestellt an einem Beispiel aus dem Mittelweser-Gebiet. In: Osnabrücker naturwiss. Mitteilungen, 15, S. 225–256.

Müller-Wille, W. (1938): Der Feldbau in Westfalen im 19. Jahrhundert. Westfälische Forschungen 1, S. 51–86.

Müller-Wille, W. (1944): Langstreifenflur und Drubbel. Deutsches Archiv für Landes- und Volksforschung. H. 1, Leipzig.

Neef, E. (1969): Der Stoffwechsel zwischen Gesellschaft und Natur als geographisches Problem. In: Geographische Rundschau, H. 12, S. 443–459.

Nietsch, (1955): Hochwasser, Auenlehm und vorgeschichtliche Siedlung. Ein Beitrag auf Grundlage des Wesergebietes. In: Erdkunde 9, H. 1, S. 20–39.

NIBIS (2022) Kartenserver: Öffentliches Portal für die Geodaten des Niedersächsischen Bodeninformationssystems NIBIS mit über 400 Fachkarten über Themenbereiche von Altlasten, Bodenkunde bis Geologie und Hydrogeologie. Online abrufbar unter https://nibis.lbeg.de. Mehrfach abgerufen im Jahr 2022.

NL (2020): Niedersächsischer Landtag: Gesetzentwurf: Gesetz zur Umsetzung des »Niedersächsischen Weges« in Naturschutz-, Gewässerschutz- und Waldrecht. Drucksache 18/7368 vom 09.09.2020, Hannover.

NLWKN (2023): Niedersächsischer Landesbetrieb für Wasserwirtschaft, Küsten- und Naturschutz. Landesweite Datenbank für wasserwirtschaftliche Daten, Abruf der Messstelle des Bückener Mühlenbachs. http://www.wasserdaten.niedersachsen.de/cadenza/

Oberschelp, R. (1982): Niedersachsen 1760–1820. Wirtschaft, Gesellschaft, Kultur im Land Hannover und Nachbargebieten. Bd. 1, Hildesheim.

Oelmann, R. (o. Jahr): Abschriften von Dokumenten aus der Vergangenheit des Fleckens Bücken. Bücken ohne Jahr.

Parzinger, H. (2015): Die Kinder des Prometheus. Eine Geschichte der Menschheit vor der Erfindung der Schrift, München.

Philippi, A. (2021): Zwischen Michelsberg und früher Trichterbecherkultur. Neue Ergebnisse zum jungneolithischen Erdwerk von Müsleringen. In: FAN Post 2021. Mitteilungsblatt des Freundeskreises für Arch*äologie* in Nieders. e. V., S. 5–7.

PIK (2019): Potsdam-Institut für Klimafolgenforschung: Kipppunkte im Klimasystem. Eine kurze Übersicht. Von Prof. Stefan Rahmstorf mit Prof. Anders Levermann, Prof. Ricarda Winkelmann, Dr. Jonathan Donges, Levke Caesar, Dr. Boris Sakschewski, Dr. Kirsten Thonicke im Juni 2019. Abgerufen im Januar 2024: https://www.pik-potsdam.de/~stefan/Publications/Kipppunkte%20im%20Klimasystem%20-%20Update%202019.pdf

PL25 (1899): Erstausgabe der Topographischen Karte 1:25.000 (Meßtischblatt). Preußische Landesaufnahme 1897 (1899 herausgegeben). Blatt Bücken und Blatt Eystrup. Reproduziert und herausgegeben vom Niedersächsischen Landesverwaltungsamt -Landesvermessung- Hannover.

Poschlod, P. (2017): Geschichte der Kulturlandschaft. Stuttgart.

Pott, R. / Hüppe, J. (1991): Die Hudelandschaften Nordwestdeutschlands. Westfäl. Museum f. Naturkunde, Münster.

Prinzhorn, E. A. (2022): Exkursionsleiter am 17.07.2022 entlang des Bückener Mühlenbachs von Bücken bis Warpe.

Puchstein, K. (1980): Zur Vogelwelt der schleswig-holsteinischen Knicklandschaft mit einer ornitho-ökologischen Bewertung der Knickstrukturen. Corax 8, S. 62–106.

Radkau, J. (2012): Natur und Macht. Eine Weltgeschichte der Umwelt. München.

Reichholf, J.-H. (1988): Feuchtgebiete. München.

Reichholf, J.-H. (1989): Feld und Flur. München.

Reichholf, J.-H. (2008A): Warum die Menschen sesshaft wurden. Das größte Rätsel unserer Geschichte. Frankfurt am Main.

Reichholf, J.-H. (2008B): Eine kurze Naturgeschichte des letzten Jahrtausends. Frankf./M.

Reichholf, J.-H. (2008C): Ende der Artenvielfalt? Gefährdung und Vernichtung von Biodiversität. Frankfurt am Main.

Reimer, N. / Staud, T. (2021): Deutschland 2050. Wie der Klimawandel unser Leben verändern wird. Köln.

Richter, J. (2017): Altsteinzeit. Der Weg der frühen Menschen von Afrika bis in die Mitte Europas, Stuttgart.

Rieger, W. (2012): Prozessorientierte Modellierung dezentraler Hochwasserschutzmaßnahmen. Dissertation. München.

Röhrich, R. (2024): Forschende entdecken alarmierende Veränderungen im Golfstrom. Eiszeit für Europa möglich. In: Frankfurter Rundschau, Onlinemeldung vom 20.3.2024, abgerufen unter https://www.fr.de/politik/europa-kipppunkte-golfstrom-neue-studie-neue-eiszeit-in-92835047.html

RROP (2003): Regionales Raumordnungsprogramm für den Landkreis Nienburg/Weser. Veröffentlicht beim Landkreis Nienburg unter https://www.lk-nienburg.de/portal/seiten/rrop-zeichnerische-darstellung-914-21500.html

Schenk, W. (2011): Historische Geographie. Darmstadt.

Schiebe, A. (1839): Universal-Lexikon der Handelswissenschaften. Bd. 3, Hrsg. F. Fleischer/Gebr. Schumann, Leipzig/Zwickau, S. 442.

Schmidt, C. (2006): Methodische Hinweise für die Einbeziehung kulturlandschaftlicher Qualitäten von Räumen in die Planung und Projektentwicklung. In: FH Erfurt, Fachbereich Landschaftsarchitektur (Hrsg., 2006): Kulturlandschaft Thüringen – eine Arbeitshilfe für die Planungspraxis. Quellen und Methoden zur Erfassung der Kulturlandschaft, S. 115 ff.

Schmidt, C. (2013): Karte der aktuellen Kulturlandschaftstypen der Bundesrepublik. Erstellt von der TU Dresden, Institut für Landschaftsarchitektur, Prof. Dr.-Ing. Catrin Schmidt.

Schmithüsen, J. (1964): Was ist eine Landschaft? Erdkundl. Wissen 9, S. 1–24.

Schmithüsen, J. (1963): Der wissenschaftliche Landschaftsbegriff. In: Mitteilungen der Floristisch-soziologischen Arbeitsgemeinschaft (alte Serie), S. 9–19.

Schwarz W. (1991): Römische Kaiserzeit. In: Häßler, H.-J. (Hrsg.): Ur- und Frühgeschichte in Niedersachsen. Stuttgart, S. 238–284.

Schneider, K.H. (2014): Am Vorabend der Bauernbefreiung. Agrarische Verhältnisse und frühe Reformen in Niedersachsen im 18. Jahrhundert. Hannover.

Schulze, W. (2010): Einführung in die neuere Geschichte. 5. überarbeitete und aktualisierte Auflage. Stuttgart.

Seedorf, H.H. (1977): Topographischer Atlas Niedersachsen und Bremen. Hrsg. vom Niedersächsischen Landesverwaltungsamt – Landesvermessung, Neumünster.

Seedorf, H.H./Meyer, H.-H. (1996): Landeskunde Niedersachsen. Natur- und Kulturgeschichte eines Bundeslandes. Bd. 1: Historische Grundlagen und naturräumliche Ausstattung. Neumünster.

Seedorf, H.H./Meyer, H.-H. (1996B): Landeskunde Niedersachsen. Natur- und Kulturgeschichte eines Bundeslandes. Bd. 2: Niedersachsen als Wirtschafts- und Kulturraum. Neumünster.

Seibert, S.P./Auerswald, K. (2020): Hochwasserminderung im ländlichen Raum. Ein Handbuch zur quantitativen Planung. München/Augsburg.

Seitz, B.-J. (2017): Das Gesicht Deutschlands. Unsere Landschaften und ihre Geschichte. Konrad Theiss Verlag, Darmstadt.

Semmel, A. (1993): Grundzüge der Bodengeographie. Stuttgart.

Spek, T. (1996): Die bodenkundliche und landschaftliche Lage von Siedlungen, Äckern und Gräberfeldern in Drenthe (nördliche Niederlande). Eine Studie zur Standortwahl in vorgeschichtlicher, frühgeschichtlicher und mittelalterlicher Zeit (3400 v. Chr. – 1500

n. Chr.). In: Fehn, K. u. a. (Hrsg.): Siedlungsforschung, Archäologie – Geschichte – Geographie, Bd. 14, S. 95–193.

Standort38 (2022): »Wir könnten für den Weltmarkt produzieren«. Interview mit Gerhard Schwetje, Präsident des Niedersächsischen Landvolks über die Auswirkungen des Ukrainekrieges auf die Viehbetriebe, politische Abhängigkeit und das Ansehen des Berufsstandes in der Öffentlichkeit. Standort38, Ausgabe 09, S. 408–409.

Succow, M. / Joosten, H. (2001): Landschaftsökologische Moorkunde. Stuttgart.

Tietz, A. / Bathke, M. / Osterburg, B. (2012): Art und Ausmaß der Inanspruchnahme landwirtschaftlicher Flächen für außerlandwirtschaftliche Zwecke und Ausgleichsmaßnahmen. Braunschweig. Arbeitsbericht aus der VTI-Agrarökonomie 2012/05.

TK25 (1938, 1955, 1972, 1985, 2009): Topographische Karte im Maßstab 1:25.000. Blatt 3220 Bücken oder Blatt 3221 Eystrup. Hrsg. Landesvermessung und Geobasisinformation Niedersachsen (LGLN), Hannover. Ausgaben der o. g. Jahre.

TK50 (2022): Topographische Karte im Maßstab 1:50.000. Aktuellste Ausgabe wurde aufgerufen über https://www.geolife.de/

Thalmann, S. (2012): Bücken – Kollegiatsstift (Ende 9. Jh. bis 1648). In: Sonderdruck aus: Niedersächsisches Klosterbuch. Verzeichnis der Klöster, Stifte, Kommenden und Beginenhäuser in Niedersachsen und Bremen von den Anfängen bis 1810. Teil 1, Dolle, J. (Hrsg.), Bielefeld, S. 265–272.

Tollefson, J. (2022): Fünf Wege in wärmere Welten. Wie wird sich das Klima bis zum Ende des Jahrhunderts entwickeln? In: Spektrum der Wissenschaft Spezial. Ökologie und Artenschutz. H. 3, S. 76–81.

Truderung, H. (1982): Die politische Entwicklung Bückens. In: 1100 Jahre Bücken (882–1982). Eystrup, S. 19–44.

UBA (2023): Umweltbundesamt: Wo gespritzt wird, nehmen Bäche Schaden. Pressemitteilung des Umweltbundesamtes vom 14.8.2023.

UBA (2022): Umweltbundesamt (Hrsg.): Struktur der Flächennutzung. https://www.umweltbundesamt.de/daten/flaeche-boden-land-oekosysteme/flaeche/struktur-der-flaechennutzung#die-wichtigsten-flachennutzungen

Uhlig, H. / Lienau C. (1972): Die Siedlungen des ländlichen Raumes. Materialien zur Terminologie der Agrarlandschaft II. Gießen.

Ulrich, B. (2024): War's das jetzt, Genossen? Warum die SPD emotional und strategisch so tief in der Krise steckt. In: Die Zeit Nr. 27, S. 4.

UNESCO (2008): Operational Guidelines for the Implementation of the World Heritage Convention. Paris.

van Schaik, C. / Michel, K (2023): Mensch sein. Von der Evolution für die Zukunft lernen. Hamburg.

Vespermann, H. (1950): Zwischen den Knicks. Bilder aus dem Vogelleben einer Heckenlandschaft im Hoyaischen. In: Mein Hoyaer Land. Hrsg. Kreislehrerverein Grafschaft Hoya. O. Seitenangaben, Hoya.

Voige, H. / Schmidt, H. (1982): Straßen und Flurnamen in und um Bücken. In: 1100 Jahre Bücken (882–1982). Eystrup, S. 267–271.

Vollmuth, D. (2021): Die Nachhaltigkeit und der Mittelwald. Eine interdisziplinäre vegetationskundlich-forsthistorische Analyse oder: Die pflanzensoziologisch-naturschutzfachlichen Folgen von Mythen, Macht und Diffamierungen. In: Göttinger Fortwissenschaften, Bd. 10, Göttingen. Dissertation.

Walletschek, H. (1994): Mensch und Umwelt. In: Öko-Lexikon. Stichworte und Zusammenhänge. Hrsg. Walletschek, H. / Graw, J., München, S. 13–28.

WD 2017: Wissenschaftlicher Dienst des Deutschen Bundestages: Zum Insektenbestand in Deutschland. Reaktionen von Fachpublikum und Verbänden auf eine neue Studie. Aktenzeichen: WD8-3000-039/17, Abschluss der Arbeit: 13.11.2017. Fachbereich: WD 8: Umwelt, Naturschutz und Reaktorsicherheit, Bildung und Forschung.

Welling, F. (1955): Flurzersplitterung und Flurbereinigung im nördlichen und westlichen Europa. In: Bundesministerium für Ernährung, Landwirtschaft und Forsten (Hrsg.): Schriftenreihe zur Flurbereinigung, H. 6, Stuttgart.

Wiegand, C. (2019): Kulturlandschaftsräume und historische Kulturlandschaften landesweiter Bedeutung in Niedersachsen. Landesweite Erfassung, Darstellung und Bewertung. In: Nieders. Landesbetrieb für Wasserwirtschaft, Küsten- und Naturschutz (Hrsg.): Naturschutz und Landschaftspflege in Niedersachsen, H. 49, Hannover.

Willinger, G. (2023): Streuobstwiesen, das Paradies von nebenan. In: Spektrum der Wissenschaft Kompakt, H. 29, S. 44–51.

Winiwarter, V. (1999): Auf der Suche nach den Landschaften des Mittelalters. Projektgruppe Umweltgeschichte. In: Haberl, H. / Strohmeier, G. / Grossmann, R. (Hrsg.): Kulturlandschaftsforschung. Wien, S. 57–65.

Wohlleben, P. (2015): Das geheime Leben der Bäume. Was sie fühlen, wie sie kommunizieren. Die Entdeckung einer verborgenen Welt. München.

Wolter (2024): »Hochwasserschutz beginnt am Oberlauf der Flüsse«. Interview mit dem Gewässerökologen Christian Wolter am 6.1.2024 in der Tagesschau. https://www.tagesschau.de/wissen/klima/fluesse-renaturierung-hochwasserschutz-100.html, abgerufen am 19.1.2024.

WSA (2022): Wasserstraßen- und Schifffahrtsamt Weser. Auf der Homepage www.wsa-weser.wsv.de finden sich umfangreiche aktuelle Informationen zur Weser und ihren Zuflüssen, zum Ausbau sowie zur Gewässerökologie und Hochwasserthematik. Abgerufen am 11.12.2022.

Wulf, F.: (2023): Es tut sich was. Naturbasierter Klimaschutz – eine Einführung. In: Politische Ökologie Dezember 2023, S. 25–31.

Zwölfer, H. / Bauer G. / Heusinger G. et al. (1984): Die tierökologische Bedeutung und Bewertung von Hecken. In: Akad. f. Naturschutz und Landschaftspflege (Hrsg.): Beiheft 3, Teil 2., Laufen/Salzach.

Bezeichnung der Zeitreisestationen

P1 Ehemalige »Wellnerei«
P2 Gut erhaltene Wallhecke
P3 Ehemalige Wölbäcker unter Wald
P4 Entwässerung durch den »Borngraben«
P5 Sohlgleite als renaturierte »Fischtreppe« im Mühlenbach
P6 Hügelgrab am Schweringer Berg
P7 Südspitze des Naturschutzgebiets Holtruper Moor
P8 Ackerland in der Eystruper Wesermarsch
P9 Kopf-Eschenallee bei Stendern
P10 Lohfeld und Lohfeldweg zwischen Bücken und Holtrup
P11 Die renaturierte Graue, Zufluss des Mühlenbachs
P12 Moderne Feldentwässerung mit Windkraft
P13 Alte Weißdornhecke bei Holtrup
P14 Erlen im Bruchwald bei Duddenhausen
P15 Hohlweg von Duddenhausen zur Geest
P16 Grenze zwischen Weseraue und Niederterrasse
P17 Meliorationshauptkanal bei Hoyerhagen
P18 Holtruper Moorgraben
P19 Ehemalige Hügelgräber bei Calle
P20 Weseraltarme bei Eystrup
P21 Neuanlage einer Streuobstwiese bei Bücken
P22 Storchenbaum bei Altenbücken
P23 Blick vom Geestrand ins Wesertal
P24 Eiche als Naturdenkmal bei Duddenhausen
P25 Neuanpflanzung von Laubbäumen im Kiefernwald
P26 Bachbett des Mühlenbachs in Bücker Ortslage

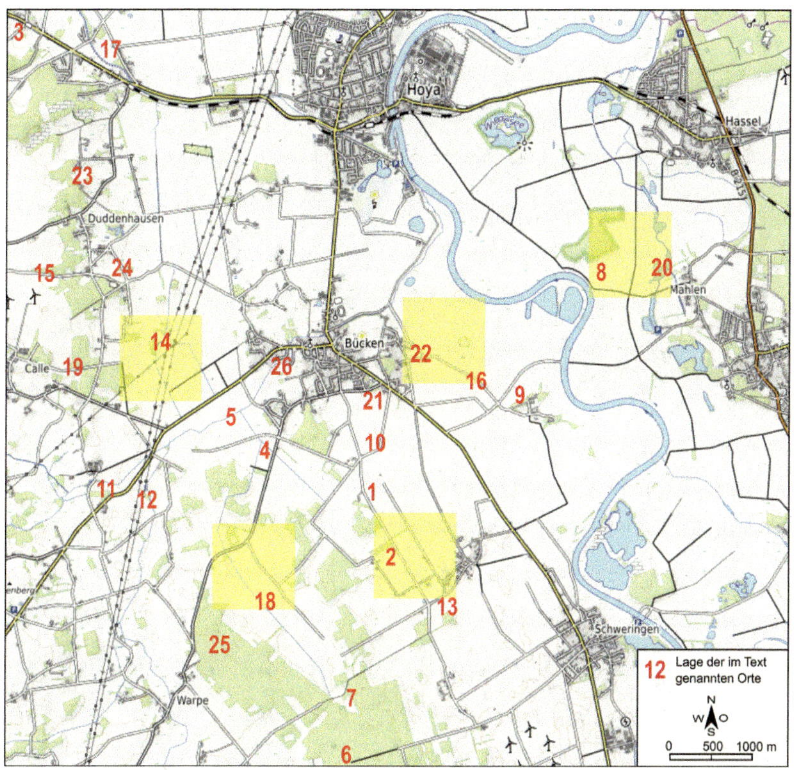

Karte 29: Übersichtskarte der Region mit den im Text genannten Orten (Zeitreise-Stationen) und den fünf genauer betrachteten Landschaftsausschnitten (gelbe Quadrate). Basiskarte: © OpenStreetMap und Mitwirkende, CC-BY-SA., www.openstreetmap.org, www.creativecommons.org, verändert.

Auf dem Weg zu attraktiven Stadträumen

Straßen und Gewässer prägen seit Jahrhunderten unsere Städte. Reduziert auf ihre technischen Funktionen, sind sie heute häufig zu lebensfeindlichen Orten geworden. 28 Autor:innen machen deutlich, wie sie zu attraktiven und klimaangepassten Stadträumen transformiert werden können.

S. Kreutz, A. Stokman (Hrsg.)

Transformation urbaner linearer Infrastrukturlandschaften
Wie Straßen und Gewässer zu attraktiven und klimaangepassten Stadträumen werden können
360 Seiten, Broschur, 38 Euro
ISBN 978-3-98726-080-3
Auch als E-Book erhältlich

Wissenschaft im Anthropozän

Das Anthropozän stellt für die Wissenschaften eine interdisziplinäre Herausforderung dar: Nur in Kooperation verschiedener Kulturen, Wissensbereiche, Kunstformen und Denkrichtungen können wir angemessene Lösungen für die Zukunft formulieren.

N. Zapf, T. Millesi, M. Coy (Hrsg.)

Kulturen im Anthropozän
Eine interdisziplinäre Herausforderung
420 Seiten, Broschur, 36 Euro
ISBN 978-3-96238-413-5
Auch als E-Book erhältlich

DIE GUTEN SEITEN DER ZUKUNFT